人工智能与物联网

[美] 迈克尔·罗沙克（Michael Roshak） 著
高慧敏 译

清华大学出版社
北京

内 容 简 介

人工智能正在各行业迅速找到实际应用，物联网（IoT）就是其中之一。本书提供使用 IoT 数据实施智能分析的解决方案，涵盖在各种 IoT 应用程序中进行分析和学习的高级人工智能技术，包括机器学习、深度学习、自然语言处理、计算机视觉和嵌入式机器学习等。本书基于各种现实生活中的数据集，介绍了在智能家居、工业物联网和智能设备中如何训练和评估从简单到复杂的各种应用模型。基于应用案例，书中介绍了数据收集、数据分析、建模、统计和监控以及部署等基本流程以及如何轻松部署模型并提高其性能。

本书面向物联网从业者、构建以物联网为重点的人工智能解决方案的数据科学家以及人工智能开发人员。

本书封面贴有清华大学出版社防伪标签，无标签者不得销售。
版权所有，侵权必究。举报：010-62782989，beiqinquan@tup.tsinghua.edu.cn。

图书在版编目（CIP）数据

人工智能与物联网/（美）迈克尔·罗沙克（Michael Roshak）著；高慧敏译. —北京：清华大学出版社，2023.2
（中外学者论 AI）
ISBN 978-7-302-61432-6

Ⅰ. ①人… Ⅱ. ①迈…②高… Ⅲ. ①人工智能②物联网 Ⅳ. ①TP393.4②TP18

中国版本图书馆 CIP 数据核字（2022）第 136175 号

责任编辑：王　芳
封面设计：刘　键
责任校对：郝美丽
责任印制：曹婉颖

出版发行：清华大学出版社
网　　址：http://www.tup.com.cn，http://www.wqbook.com
地　　址：北京清华大学学研大厦 A 座　　邮　编：100084
社 总 机：010-83470000　　邮　购：010-62786544
投稿与读者服务：010-62776969，c-service@tup.tsinghua.edu.cn
质量反馈：010-62772015，zhiliang@tup.tsinghua.edu.cn
课件下载：http://www.tup.com.cn，010-83470236

印 装 者：小森印刷霸州有限公司
经　　销：全国新华书店
开　　本：186mm×240mm　　印　张：12.25　　字　数：276 千字
版　　次：2023 年 4 月第 1 版　　印　次：2023 年 4 月第 1 次印刷
印　　数：1～2500
定　　价：69.00 元

产品编号：092513-01

前言 PREFACE

人工智能（Artificial Intelligence，AI）正在各种垂直行业中迅速找到实际应用，物联网（Internet of Things，IoT）就是其中之一。开发人员正在寻找使 IoT 设备更智能并让用户生活更轻松的方法。本书介绍如何使用 IoT 数据实施智能分析，预测结果并做出明智的决策，内容涵盖有助于在 IoT 应用程序中进行分析和学习的高级 AI 技术。

基于 50+ 的实用案例，读者可以充分了解数据采集、数据分析、建模、统计和监控以及部署等基本"人工智能+IoT"流程。利用来自智能家居、工业 IoT 和智能设备的真实数据集，训练和评估简单和复杂的模型，并使用经过训练的模型进行预测。同时，书中还介绍了实施机器学习、深度学习和其他人工智能技术（如自然语言处理）时面临的主要挑战；如何利用计算机视觉和嵌入式机器学习构建智能 IoT 系统；如何轻松部署模型并提高其性能。

读完本书，读者将能够打包和部署端到端 AI 应用程序，并将最佳实践解决方案应用于常见的 IoT 问题。

- **读者对象**

本书面向 IoT 从业者、构建以 IoT 为重点的人工智能解决方案的数据科学家及人工智能开发人员。全书提供人工智能技术构建智能 IoT 解决方案，且无须阅读大量人工智能理论。本书读者需要了解 Python 编程语言和基本的物联网概念，方能有效掌握书中涵盖的概念。

- **涵盖内容**

第 1 章重点介绍如何设置正确的环境。内容涵盖如何选择满足 AI 需求的设备；如何与设备或云端模块进行安全通信；如何设置在云中获取数据的方法，设置 Spark 和 AI 工具执行数据分析、训练模型并大规模运行机器学习模型。

第 2 章讨论可以有效使用任何格式数据的基础知识。

第 3 章讨论使用逻辑回归和决策树等机器学习模型解决常见的 IoT 问题，例如对医疗诊断进行分类、危险驾驶行为检测及对化学数据进行分类等。

第 4 章重点介绍使 IoT 设备成为智能设备的各种分类技术。

第 5 章解释当警报检测未能对特定问题进行分类时，如何发现相关问题以及如果设备以异常方式运行时的解决方案。

第 6 章讨论如何在云端以及 NVIDIA Jetson Nano 等边缘设备上实现计算机视觉。

第7章讨论如何使用自然语言处理技术和机器人与在餐厅自助点餐亭订购食物的用户进行交互。

第8章讨论如何将强化学习用于智能交通路口，实现交通信号灯决策，从而减少等待时间并让交通更畅通。

第9章讨论将预先训练的机器学习模型应用于边缘设备的各种方法，将详细讨论 IoT Edge 部署对 AI Pipeline 的重要性，还介绍如何使用 TensorFlow.js 和 Java 将模型部署到 Web 应用程序和移动设备。

- **掌握技巧**

为了充分掌握本书，读者应对软件开发有基本的了解，并对本书使用的 Python、C 及 Java 等语言具备基本的了解。

本书使用的硬件是现成的传感器和常见的 IoT 开发套件，可以从 Adafruit.com 和 Amazon.com 等网站购买。大多数代码可以跨设备移植。用 Python 语言编写的代码可以轻松移植到各种微处理器，包括 Raspberry Pi、NVIDIA Jetson、Lotte Panda 甚至计算机。用 C 语言编写的代码可以移植到各种微控制器，包括 ESP32、ESP8266 和 Arduino。用 Java 语言编写的代码可以移植到任何 Android 设备，包括平板电脑和手机。

本书使用 Databricks 进行实验，免费版本可到其官网下载。

- **资源分享**

本书提供全部代码资源，可扫描下方的二维码下载。

- **文本惯例**

本书中使用了许多文本惯例。
代码设置如下：

```
import numpy as np
import torch
from torch import nn
from torch import optim
import torch.nn.functional as F
from torchvision import datasets, transforms, models
from torch.utils.data.sampler import SubsetRandomSampler
```

命令行的输入或输出写成如下样式：

```
pip install deap
```

粗体字表示一个新的术语，一个重要的单词，或屏幕上显示的单词。

目 录
CONTENTS

第 1 章 搭建 IoT 和 AI 环境 ··· 1

1.1 准备工作 ··· 1
　1.1.1 设备选型 ··· 1
　1.1.2 搭建 Databricks ··· 4
1.2 搭建 IoT Hub ··· 5
　1.2.1 预备工作 ··· 5
　1.2.2 操作步骤 ··· 6
　1.2.3 工作机理 ··· 6
1.3 设置 IoT Edge 设备 ··· 7
　1.3.1 预备工作 ··· 7
　1.3.2 操作步骤 ··· 7
　1.3.3 工作机理 ··· 9
1.4 将 ML 模块部署到边缘设备端 ··· 9
　1.4.1 预备工作 ··· 9
　1.4.2 操作步骤 ··· 9
　1.4.3 工作机理 ··· 10
　1.4.4 补充说明 ··· 11
1.5 搭建 Kafka ··· 11
　1.5.1 预备工作 ··· 12
　1.5.2 操作步骤 ··· 12
　1.5.3 工作机理 ··· 12
　1.5.4 补充说明 ··· 12
1.6 在 Databricks 上安装 ML 库 ··· 13
　1.6.1 预备工作 ··· 14
　1.6.2 操作步骤 ··· 14

1.6.3 工作机理 ……………………………………………………………… 16

第 2 章 数据处理 …………………………………………………………… 17

2.1 使用 Delta Lake 存储数据以便分析 …………………………………… 17
    2.1.1 预备工作 ………………………………………………………… 18
    2.1.2 操作步骤 ………………………………………………………… 18
    2.1.3 工作机理 ………………………………………………………… 19

2.2 数据采集设计 …………………………………………………………… 19
    2.2.1 预备工作 ………………………………………………………… 21
    2.2.2 操作步骤 ………………………………………………………… 21

2.3 窗口化 …………………………………………………………………… 22
    2.3.1 预备工作 ………………………………………………………… 22
    2.3.2 操作步骤 ………………………………………………………… 23
    2.3.3 工作机理 ………………………………………………………… 24

2.4 探索性因子分析法 ……………………………………………………… 25
    2.4.1 预备工作 ………………………………………………………… 25
    2.4.2 操作步骤 ………………………………………………………… 25
    2.4.3 工作机理 ………………………………………………………… 30
    2.4.4 补充说明 ………………………………………………………… 31

2.5 在 Mongo/hot path storage 中实现分析查询 ………………………… 31
    2.5.1 预备工作 ………………………………………………………… 31
    2.5.2 操作步骤 ………………………………………………………… 32
    2.5.3 工作机理 ………………………………………………………… 32

2.6 将 IoT 数据导入 Spark …………………………………………………… 32
    2.6.1 预备工作 ………………………………………………………… 32
    2.6.2 操作步骤 ………………………………………………………… 32
    2.6.3 工作机理 ………………………………………………………… 34

第 3 章 面向 IoT 的机器学习 ……………………………………………… 35

3.1 采用异常检测分析化学传感器 ………………………………………… 35
    3.1.1 预备工作 ………………………………………………………… 36
    3.1.2 操作步骤 ………………………………………………………… 36
    3.1.3 工作机理 ………………………………………………………… 37
    3.1.4 补充说明 ………………………………………………………… 37

3.2 IoMT 中的 Logistic 回归 ··· 38
    3.2.1 预备工作 ··· 38
    3.2.2 操作步骤 ··· 38
    3.2.3 工作机理 ··· 40
    3.2.4 补充说明 ··· 40
3.3 使用决策树对化学传感器进行分类 ··· 41
    3.3.1 操作步骤 ··· 41
    3.3.2 工作机理 ··· 42
    3.3.3 补充说明 ··· 42
3.4 使用 XGBoost 进行简单的预测性维护 ··· 43
    3.4.1 预备工作 ··· 43
    3.4.2 操作步骤 ··· 43
    3.4.3 工作机理 ··· 46
3.5 危险驾驶行为检测 ··· 46
    3.5.1 预备工作 ··· 47
    3.5.2 操作步骤 ··· 47
    3.5.3 工作机理 ··· 48
    3.5.4 补充说明 ··· 49
3.6 在受限设备端进行人脸检测 ··· 49
    3.6.1 预备工作 ··· 50
    3.6.2 操作步骤 ··· 50
    3.6.3 工作机理 ··· 51

第 4 章 用于预测性维护的深度学习 ··· 52
4.1 使用特征工程增强数据 ··· 52
    4.1.1 预备工作 ··· 53
    4.1.2 操作步骤 ··· 53
    4.1.3 工作机理 ··· 59
    4.1.4 补充说明 ··· 60
4.2 使用 Keras 进行故障检测 ··· 61
    4.2.1 预备工作 ··· 61
    4.2.2 操作步骤 ··· 61
    4.2.3 工作机理 ··· 63
    4.2.4 补充说明 ··· 64

4.3 实施 LSTM 来预测设备故障 ··· 64
    4.3.1 预备工作 ··· 65
    4.3.2 操作步骤 ··· 65
    4.3.3 工作机理 ··· 70
4.4 将模型部署到 Web 服务 ··· 71
    4.4.1 预备工作 ··· 71
    4.4.2 操作步骤 ··· 71
    4.4.3 工作机理 ··· 73
    4.4.4 补充说明 ··· 73

第 5 章　异常检测 ··· 75

5.1 在 Raspberry Pi 和 Sense HAT 上使用 Z-Spikes ···································· 76
    5.1.1 预备工作 ··· 76
    5.1.2 操作步骤 ··· 77
    5.1.3 工作机理 ··· 78
5.2 使用自编码器检测标记数据中的异常 ··· 79
    5.2.1 预备工作 ··· 79
    5.2.2 操作步骤 ··· 79
    5.2.3 工作机理 ··· 80
    5.2.4 补充说明 ··· 80
5.3 对未标记数据集使用孤立森林算法 ·· 81
    5.3.1 预备工作 ··· 81
    5.3.2 操作步骤 ··· 81
    5.3.3 工作机理 ··· 82
    5.3.4 补充说明 ··· 82
5.4 使用 Luminol 检测时间序列异常 ··· 83
    5.4.1 预备工作 ··· 83
    5.4.2 操作步骤 ··· 84
    5.4.3 工作机理 ··· 84
    5.4.4 补充说明 ··· 85
5.5 检测受季节性影响的异常 ·· 85
    5.5.1 预备工作 ··· 85
    5.5.2 操作步骤 ··· 85
    5.5.3 工作机理 ··· 86

5.6 使用流分析法检测峰值 ·· 87
　　5.6.1 预备工作 ·· 87
　　5.6.2 操作步骤 ·· 87
　　5.6.3 工作机理 ·· 88
5.7 检测边缘设备的异常 ·· 89
　　5.7.1 预备工作 ·· 89
　　5.7.2 操作步骤 ·· 89
　　5.7.3 工作机理 ·· 92

第6章　计算机视觉 ·· 93

6.1 通过 OpenCV 连接摄像头 ·· 93
　　6.1.1 预备工作 ·· 94
　　6.1.2 操作步骤 ·· 95
　　6.1.3 工作机理 ·· 96
　　6.1.4 补充说明 ·· 96
6.2 使用微软自定义视觉来训练和标记图像 ··· 96
　　6.2.1 预备工作 ·· 96
　　6.2.2 操作步骤 ·· 97
　　6.2.3 工作机理 ·· 98
6.3 使用深度神经网络和 Caffe 检测人脸 ··· 98
　　6.3.1 预备工作 ·· 99
　　6.3.2 操作步骤 ·· 99
　　6.3.3 工作机理 ·· 100
6.4 在 Raspberry Pi 上使用 YOLO 检测物体 ··· 100
　　6.4.1 预备工作 ·· 101
　　6.4.2 操作步骤 ·· 101
　　6.4.3 工作机理 ·· 103
6.5 在 NVIDIA Jetson Nano 上使用 GPU 检测物体 ··································· 103
　　6.5.1 预备工作 ·· 104
　　6.5.2 操作步骤 ·· 104
　　6.5.3 工作机理 ·· 106
　　6.5.4 补充说明 ·· 106
6.6 在 GPU 上使用 PyTorch 训练视觉 ··· 106
　　6.6.1 预备工作 ·· 107

6.6.2　操作步骤 ……………………………………………………………… 107
6.6.3　工作机理 ……………………………………………………………… 110
6.6.4　补充说明 ……………………………………………………………… 110

第 7 章　基于 NLP 和 Bots 的 Kiosks ………………………………………… 111

7.1　唤醒词检测 ………………………………………………………………… 111
  7.1.1　预备工作 ……………………………………………………………… 112
  7.1.2　操作步骤 ……………………………………………………………… 115
  7.1.3　工作机理 ……………………………………………………………… 119
  7.1.4　补充说明 ……………………………………………………………… 119
7.2　使用 Microsoft Speech API 实现语音转文字 …………………………… 119
  7.2.1　预备工作 ……………………………………………………………… 119
  7.2.2　操作步骤 ……………………………………………………………… 120
  7.2.3　工作机理 ……………………………………………………………… 120
7.3　LUIS 入门 ………………………………………………………………… 121
  7.3.1　预备工作 ……………………………………………………………… 121
  7.3.2　操作步骤 ……………………………………………………………… 122
  7.3.3　工作机理 ……………………………………………………………… 123
  7.3.4　补充说明 ……………………………………………………………… 123
7.4　智能机器人实现 …………………………………………………………… 123
  7.4.1　预备工作 ……………………………………………………………… 123
  7.4.2　操作步骤 ……………………………………………………………… 124
  7.4.3　工作机理 ……………………………………………………………… 127
  7.4.4　补充说明 ……………………………………………………………… 127
7.5　创建自定义声音 …………………………………………………………… 128
  7.5.1　预备工作 ……………………………………………………………… 128
  7.5.2　操作步骤 ……………………………………………………………… 129
  7.5.3　工作机理 ……………………………………………………………… 131
7.6　利用 QnA Maker 增强机器人的功能 …………………………………… 131
  7.6.1　预备工作 ……………………………………………………………… 131
  7.6.2　操作步骤 ……………………………………………………………… 132
  7.6.3　工作机理 ……………………………………………………………… 133
  7.6.4　补充说明 ……………………………………………………………… 133

第 8 章 采用微控制器和 pipeline 进行优化 ……………………………… 134

8.1 基于 ESP32 的 IoT 简介 ……………………………………… 135
8.1.1 预备工作 …………………………………………… 135
8.1.2 操作步骤 …………………………………………… 136
8.1.3 工作机理 …………………………………………… 137
8.1.4 补充说明 …………………………………………… 137

8.2 ESP32 环境监控器的实现 ……………………………………… 137
8.2.1 预备工作 …………………………………………… 138
8.2.2 操作步骤 …………………………………………… 138
8.2.3 工作机理 …………………………………………… 140
8.2.4 补充说明 …………………………………………… 140

8.3 超参数优化 ……………………………………………………… 141
8.3.1 预备工作 …………………………………………… 141
8.3.2 操作步骤 …………………………………………… 141
8.3.3 工作机理 …………………………………………… 143

8.4 BOM 变更的处理 ………………………………………………… 143
8.4.1 预备工作 …………………………………………… 143
8.4.2 操作步骤 …………………………………………… 144
8.4.3 工作机理 …………………………………………… 145
8.4.4 补充说明 …………………………………………… 145

8.5 使用 Sklearn 构建机器学习 pipeline ………………………… 145
8.5.1 预备工作 …………………………………………… 146
8.5.2 操作步骤 …………………………………………… 146
8.5.3 工作机理 …………………………………………… 147
8.5.4 补充说明 …………………………………………… 147

8.6 使用 Spark 和 Kafka 进行流式机器学习 ……………………… 148
8.6.1 预备工作 …………………………………………… 148
8.6.2 操作步骤 …………………………………………… 149
8.6.3 工作机理 …………………………………………… 151
8.6.4 补充说明 …………………………………………… 151

8.7 使用 Kafka 的 KStreams 和 KTables 丰富数据 ……………… 151
8.7.1 预备工作 …………………………………………… 152
8.7.2 操作步骤 …………………………………………… 152

第 9 章　部署到边缘 ... 155

- 9.1 OTA 更新 MCU ... 155
  - 8.7.3 工作机理 ... 153
  - 8.7.4 补充说明 ... 153
- 9.1 OTA 更新 MCU ... 155
  - 9.1.1 预备工作 ... 156
  - 9.1.2 操作步骤 ... 157
  - 9.1.3 工作机理 ... 161
  - 9.1.4 补充说明 ... 161
- 9.2 采用 IoT Edge 部署模块 ... 161
  - 9.2.1 预备工作 ... 162
  - 9.2.2 Raspberry Pi 设置 ... 162
  - 9.2.3 编码设置 ... 163
  - 9.2.4 操作步骤 ... 163
  - 9.2.5 工作机理 ... 165
  - 9.2.6 补充说明 ... 165
- 9.3 采用 TensorFlow.js 卸载到 Web 端 ... 166
  - 9.3.1 预备工作 ... 166
  - 9.3.2 操作步骤 ... 167
  - 9.3.3 工作机理 ... 168
  - 9.3.4 补充说明 ... 168
- 9.4 部署移动模型 ... 168
  - 9.4.1 预备工作 ... 169
  - 9.4.2 操作步骤 ... 172
  - 9.4.3 工作机理 ... 172
- 9.5 采用孪生设备维护设备群 ... 172
  - 9.5.1 预备工作 ... 173
  - 9.5.2 操作步骤 ... 174
  - 9.5.3 工作机理 ... 176
  - 9.5.4 补充说明 ... 176
- 9.6 采用雾计算实现分布式机器学习 ... 176
  - 9.6.1 预备工作 ... 176
  - 9.6.2 操作步骤 ... 177
  - 9.6.3 工作机理 ... 182
  - 9.6.4 补充说明 ... 182

第 1 章 搭建 IoT 和 AI 环境

物联网（Internet of Things，IoT）和**人工智能**（Artificial Intelligence，AI）正在给人们的生活带来巨大的影响。医疗等行业正在被可穿戴传感器彻底改变，这种可穿戴传感器在患者出院后仍可对其进行监测。工业设备上广泛应用的**机器学习**（Machine Learning，ML）正在通过异常检测、预测性维护和规范化操作等技术，实现更有效的监控和更少的停机时间。

构建一套能够高效运转的 IoT 设备有赖于采集到合适的信息。本书提供了大量支持端到端 IoT/ML 生命周期的实用案例。第 2 章将介绍如何确保设备具有合适的传感器，以及如何为机器学习准备最佳的数据。本书用到的工具包括探索性因子分析法（exploratory factor analysis）①和数据采集设计等。

在正式开始构建方案前，需要进行以下准备工作：设备选型和搭建 Databricks。

本章涵盖以下实用案例：

- 搭建 IoT Hub；
- 设置 IoT Edge 设备；
- 将机器学习模块部署到边缘设备端；
- 搭建 Kafka；
- 在 Databricks 上安装 ML 库。

1.1 准备工作

1.1.1 设备选型

在开始讲解实用案例之前，先讨论几个基本概念。选择合适的硬件是在为 AI 应用搭建平台。IoT 的应用是在各种受限情形下进行的：数据量较小的情况下，在云平台应用 ML 技术是一种经济有效的解决方案；图像、视频和音频的数据量太大，往往会使网络陷入瘫

---

① 译者注：原文为 explanatory factor analysis，应为 exploratory factor analysis。

痪；更糟糕的是,如果使用的是移动网络,相应的费用会更高。俗话说**硬件不赚钱**(there is no money in hardware),指的是 IoT 的大部分利润来自于服务,而不是昂贵设备的生产。

通常情况下,出于成本效益的考虑,企业设备都是由电气工程师设计的。定制的电路板不需要额外组件(如蓝牙或 USB 端口)。在设计电路板时,很难预测 ML 模型对 CPU 和 RAM 的需求。在充分了解硬件需求之前,可以考虑非常实用的入门套件(starter kits)工具,以下列出了市面上已广泛应用的设备。

(1) 搭载 NVIDIA TX2 的 Manifold 2-C；

(2) i.MX 系列；

(3) LattePanda；

(4) Raspberry Pi Class；

(5) Arduino；

(6) ESP8266。

通常可以根据功能需求选择适配的设备。例如,Raspberry Pi Class 可能难以适应视觉应用程序,但对于音频或通用机器学习应用程序则非常实用。对许多数据科学家来说,编程语言是选择设备时一个决定性的因素,如 ESP8266 和 Arduino 需要采用 C 或 C++ 等底层语言编程,而 Raspberry Pi Class 等可以支持所有编程语言。

不同的电路板价格和功能是不一样的。Raspberry Pi Class 等可以处理运行在边缘设备端的 ML 模型,虽然降低了云计算成本却增加了设备成本。选购设备时,还应考虑投入设备后是一次性打包收费还是订阅模式收费。

1. 搭载 NVIDIA TX2 的 Manifold 2-C

NVIDIA Jetson 是在边缘设备端运行复杂 ML 模型(如实时视频)的最佳选择之一,它内置了 NVIDIA GPU。该产品的 Manifold 版本被设计安装在大疆无人机上,执行图像识别和自主飞行等任务。NVIDIA Jetson 的唯一缺点是使用了 ARM64 架构,包括 PyTorch 等都可以在 ARM64 上运行良好,但该架构无法实现与 TensorFlow 的良好兼容。如表 1-1 所示,Manifold 2-C 的售价约为 500 美元,虽然价格有点高,但如果需要在边缘设备端运行实时 ML 模型还是建议采用 Manifold 2-C。

表 1-1 搭载 NVIDIA TX2 的 Manifold 2-C

价格	典型模型	实际案例
$500	强化学习,计算机视觉	无人机,机器人

2. i.MX 系列

i.MX 系列芯片是开源的,拥有强大的 RAM 和 CPU 性能。开源设计有助于工程师轻松构建电路板。i.MX 系列使用飞思卡尔(Freescale)半导体的芯片。飞思卡尔半导体的芯片产品寿命为 10～15 年,这意味着设计的电路板可以稳定运行数年。如表 1-2 所示,i.MX6 的成本为 200～300 美元不等,可以轻松处理 CPU 密集型任务,如实时视频中的物体识别等。

表 1-2　i.MX 系列

价　格	典 型 模 型	实 际 案 例
$200+	计算机视觉,NLP	情感分析,人脸识别,物体识别,声音识别

3. LattePanda

单板计算机(**Single Board Computers**,**SBC**),例如 LattePanda,能够承担繁重的传感器任务,通常运行在 Windows 或 Linux 环境下。与 i.MX 系列一样,也能够在设备端运行物体识别算法,但是识别的帧速率会比较慢,其具体情况见表 1-3。

表 1-3　LattePanda

价　格	典 型 模 型	实 际 案 例
$100+	人脸检测,语音识别,高速边缘模型	音频使能 kiosk,高频心脏监测

4. Raspberry Pi Class

Raspberry Pi Class 是 IoT 的标准入门套件。凭借 35 美元的价格优势,在节约成本的同时提高了性能:可以在边缘端采用容器(containers)技术运行 ML 模型。Raspberry Pi Class 有 Linux 或 IoT 核心操作系统,可以轻松插拔组件,另外还提供了用于构建类似平台工具的开发者社区。虽然 Raspberry Pi Class 设备能够执行大多数 ML 任务,但在执行一些更繁重的任务时往往存在性能问题(如视频识别),其具体情况见表 1-4。

表 1-4　Raspberry Pi Class

价　格	典 型 模 型	实 际 案 例
$35	决策树,人工神经网络,异常检测	智能家居,工业 IoT

5. Arduino

售价 15 美元的 Arduino 是一个很划算的解决方案。Arduino 有大型开发者社区提供支持,使用的是 Arduino 语言,并支持 C/C++ 函数。如果需要在 Arduino 设备端运行 ML 模型,可以将基于流行框架(如 PyTorch)构建的 ML 模型打包到**嵌入式学习库**(**Embedded Learning Library**,**ELL**)中。ELL 允许将 ML 模型部署到设备端,而不需要大型操作系统的开销。由于 Arduino 的内存和计算能力有限,使用 ELL 或 TensorFlow Lite 移植 ML 模型将面临挑战。Arduino 的具体情况见表 1-5。

表 1-5　Arduino

价　格	典 型 模 型	实 际 案 例
$15	线性回归	传感器的读数分类

6. ESP8266

诸如 ESP8266 等更小型的设备，其价格不到 5 美元，代表了可以接收数据并将其传输到云端进行 ML 模型评估的一类设备。除了价格便宜，它们通常也是低功耗设备，因此可以使用太阳能、网络电源或长寿命电池进行供电，其具体情况见表 1-6。

表 1-6　ESP8266

价　格	典 型 模 型	实 际 案 例
$5 或以下	仅在云端	仅在云端

1.1.2　搭建 Databricks

在一台计算机上同时处理大量数据是不可能的。由此诞生了像 Spark（由 Databricks 公司开发）这样的分布式系统。Spark 可以通过多台计算机并行处理大型任务。

Spark 的开发最初是为了参加 Netflix Prize 的算法大赛，该赛事为开发最佳推荐引擎的团队提供了 100 万美元的奖金[①]。Spark 使用分布式计算处理大型复杂的数据集，内置了分布式的 Python 等价库（equivalent libraries），例如 Koalas，它是 Pandas 的分布式等价库。Spark 还支持需要大量计算及内存的分析和特征工程（feature engineering），如图论问题等。Spark 有两种模式：用于训练大型数据集的批处理模式和用于接近实时的数据评分的流处理模式。

IoT 数据往往是庞大且不均衡的。一台设备中存储的可能是 10 年来一直处于正常运行状况的数据，而其中仅有少数记录表明需要立即关闭设备以防止损害发生。Databricks 对于 IoT 的价值表现在两方面：一方面是数据处理和模型训练，处理 TB 级和 PB 级的数据可能会使机器不堪重负，Databricks 通过其扩展能力解决了这个问题；另一方面是它的流处理能力。由此，ML 模型可以在云端近乎实时地运行并将消息推送回设备。

搭建 Databricks 的过程非常简单，可以访问云供应商并在门户网站上注册一个账户，也可以注册免费的社区版。如果目的是将产品投放市场，那么就必须在 Azure、AWS 或 Google Cloud 上注册账户。

IoT 和 ML 模型本质上是一个大数据问题。一台设备在发送表明该设备存在问题的遥

---

① 译者注：Netflix prize 是 2006 年 Netflix 启动的一个机器学习和数据挖掘比赛，旨在解决电影评分预测问题。网址为 https://www.netflixprize.com/index.html。

测数据之前,可能已经发送了数年的遥测数据。从数据管理的角度来看,在几百万或几十亿条记录中搜索到所需的少数记录将是个挑战。因此,优化数据仓库极其关键。

如今,已有很多工具可以更容易地处理大量的数据。在处理数据时,来自 IoT 设备的大型数据集对许多公司来说代价高昂。有一些规模化数据存储的优化方法,可以使处理大型数据集变得更简单。例如,比起通过 JSON 访问数据,将数据存储在 Delta Lake 中,可以给用户带来近 340 倍的性能提升。以下将介绍 3 种存储方法,可以将数据分析工作从几周缩短到几小时。

1. Parquet

Parquet 是大数据中最常见的文件格式之一。Parquet 的列式存储(columnar storage)格式使其可以存储高度压缩的数据。它的优势在于占用更少的硬盘空间和网络带宽,因此非常适合加载到 DataFrame 中。根据基准测试,Parquet 在 Spark 中的提取速度是 JSON 的 34 倍。

2. Avro

Avro 是一种流行的 IoT 存储格式。虽然它没有 Parquet 那样的高压缩率,但由于其使用行式(row-level)存储,所以数据存储的计算成本较低。Avro 是 IoT Hub 或 Kafka 等流式数据的常见格式。

3. Delta Lake

Delta Lake 是 Databricks 在 2019 年发布的一个开源项目,它以 Parquet 格式存储文件。此外,它能够保存数据变更的痕迹,便于数据科学家查看数据在某一特定时刻的状态,这一点有利于确定为什么某个特定 ML 模型的准确性会发生变化。它还保留了数据相关的元数据,与标准 Parquet 相比,在分析工作负荷方面的性能提高了近 10 倍。

介绍完设备选型和搭建 Databricks 的相关内容,本章后续内容的讲解将遵循模块化、基于实用案例的风格。

1.2 搭建 IoT Hub

开发 IoT 解决方案也许很复杂,有许多问题需要处理,如 ML 模型、边缘部署、安全性、设备状态监控以及在云端获取遥测数据等。云供应商(如 Azure)提供了现成的解决方案,内置了数据库和云端到设备端的消息(cloud-to-device messages)等组件。

本实用案例将在 Azure 中为一台 IoT Edge 设备搭建 IoT Hub,使该设备在边缘端进行 ML 模型计算。

1.2.1 预备工作

在使用 IoT Hub 之前,需要准备好一台设备并确保已订阅 Azure。如果还没有订阅,可以选择免费试用。此外,还需要其他一些特定的设备。

1.2.2 操作步骤

要搭建 IoT Hub,首先需要有资源组(resource group)。资源组就像 Windows 或 MacOS 上的文件夹,可以把一个特定项目的所有资源存放在同一个位置。Azure 的资源组图标在左侧面板的 **FAVORITES** 菜单中,如图 1-1 所示。

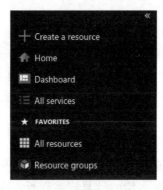

图 1-1　资源组图标

搭建资源组的具体步骤如下。

(1) 选择 **Create a resource**,跟随向导完成创建资源组的步骤。

(2) 单击顶部的"+"图标,创建一个 IoT Hub 实例。

(3) 在搜索框中输入 IoT Hub,了解如何搭建 IoT Hub。

在 Scale 页面需要特别注意:需要选择 S1 或更高的定价层(pricing tier)。S1 层提供了与设备的双向通信,并且允许使用一些高级特性,如设备孪生[①]和推送 ML 模型到边缘设备等。

1.2.3 工作机理

IoT Hub 是一个专门用于 IoT 开发的平台。很多影响 IoT 的问题,如不可靠的通信等,都可以通过**高级消息队列协议**(**Advanced Message Queuing Protocol**,**AMQP**)和**消息队列遥测传输**(**Message Queuing Telemetry Transport**,**MQTT**)等机制来处理。IoT Hub 为 IoT 开发者提供了丰富的工具生态系统,如设备孪生、云端到设备端的消息、设备安全中心、Kubernetes 集成以及边缘模块等。

---

① 译者注:原文为 dice twins,应为 device twins。

1.3 设置 IoT Edge 设备

本实用案例中将设置一个 IoT Edge 设备，它可以与 IoT Hub 通信并获取新的可在设备端进行 ML 评估的 ML 容器。

IoT Edge 设备比传统的 IoT 设备更有优势，原因是 IoT Edge 设备能够通过**空中下载技术（Over The Air，OTA）**更新。通过使用容器，可以很容易部署模型，不必担心设备会损坏乃至报废。

1.3.1 预备工作

在创建 IoT Edge 设备之前，确保设备支持 IoT Edge，有一些设备架构（如 ARM64）是不支持的。下一步，确保 IoT Hub 已经启动并运行。另外，必须已经在设备端安装 IoT Edge 运行时（runtime）。本教程假设用户拥有一台 Raspberry Pi Class 设备。

1.3.2 操作步骤

要设置 IoT Edge 设备，需要同时在云端和设备端进行设置。IoT 设备需要在云端存储发送的消息。本实用案例包括两部分：第一部分是在 IoT Hub 中配置 IoT Edge 设备；第二部分是配置设备与云端之间的通信。

1. 配置 IoT Edge 设备（云端）

具体操作步骤如下。

（1）在 IoT Hub blade 中，选择 **IoT Edge**。

（2）单击＋**Add IoT Edge device** 按钮，进入 **Add IoT Edge device** 向导。

（3）给设备添加一个唯一的设备 ID，并单击 **Save** 按钮，如图 1-2 所示。

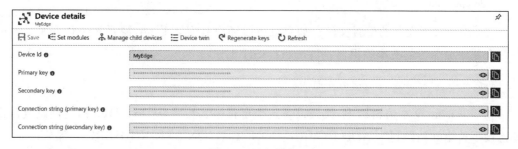

图 1-2　添加设备 ID

（4）一个新的设备将显示在屏幕中央，单击该设备并复制其主连接字符串（primary connection string）。

1.4.3 节将讲解如何让设备与云端进行通信。为此，需要准备好设备连接字符串。设备连接字符串可以在设备属性部分找到,单击要连接的设备并复制连接字符串。

2. 配置 IoT Edge 设备(设备端)

首先需要安装 Moby,Moby 是 Docker 的缩减版(scaled-down version)。Docker 允许将边缘模块部署到设备端。这些模块可以是来自传感器的数据采集模块,也可以是 ML 模块。具体操作步骤如下。

(1) 在设备端下载并安装 Moby 引擎:

curl -L https://aka.ms/moby-engine-armhf-latest -o moby_engine.deb && sudo dpkg -i ./moby_engine.deb

(2) 下载并安装 Moby CLI:

curl -L https://aka.ms/moby-cli-armhf-latest -o moby_cli.deb && sudo dpkg -i ./moby_cli.deb

(3) 修复安装:

sudo apt-get install -f

(4) 安装 IoT Edge 安全管理器(security manager):

curl -L https://aka.ms/libiothsm-std-linux-armhf-latest -o libiothsm-std.deb && sudo dpkg -i ./libiothsm-std.deb

(5) 安装安全守护程序(security daemon):

curl -L https://aka.ms/iotedged-linux-armhf-latest -o iotedge.deb && sudo dpkg -i ./iotedge.deb

(6) 修复安装:

sudo apt-get install -f

(7) 编辑边缘设备的配置文件。如果设备端还没有安装 nano,需要先进行安装。nano 是一个基于命令行的文本编辑器,可以通过 SSH 工作:

sudo nano /etc/iotedge/config.yaml

(8) 在 nano 文本编辑器中,找到设备连接字符串。然后,从 IoT Hub 门户网站复制设备连接字符串并粘贴到"< ADD DEVICE CONNECTION STRING HERE >"部分:

```
provisioning:
    source: "manual"
    device_connection_string: "< ADD DEVICE CONNECTION STRING HERE >"
```

编辑完成后,需要保存并退出 nano。使用组合键 Ctrl+X,终端会弹出一个保存确认信息,确认并保存。然后,重新启动设备的服务进行更新配置。

(9)使用如下命令重启 Edge 服务:

sudo systemctl restart iotedge

1.3.3 工作机理

1.3.2 节已经介绍了如何在云端创建一台设备,并且该设备配有一个确保安全的特定密钥(每台设备都有唯一的密钥)。如果设备损坏,相应的密钥将会变为无效。

接下来,将 IoT Edge SDK 添加到设备端并连接到云端。此时,设备已经成功连接到云端,可以接收 ML 模型并发送遥测数据到云端。下一步是将边缘模块部署到设备端。这些边缘模块是 dockerized 容器,可以访问设备端的传感器,并将遥测数据发送到云端或运行训练过的模型。

1.4 将 ML 模块部署到边缘设备端

Docker 是 IoT 设备的主要部署手段。Docker 允许在本地创建和测试容器,并将其部署到边缘设备。Docker 文件可以通过特定的脚本部署在各种芯片架构中(如 x86 和 ARM)。本节主要介绍使用从云端部署的 ML 库创建一个 IoT Edge 模块。

1.4.1 预备工作

要创建一个 IoT Edge 模块,首先需要安装 Visual Studio Code。在 Visual Studio Code 启动运行后,安装 Azure IoT Edge 扩展,通过 Visual Studio Code 侧面板中的扩展图标(▦)实现。在扩展搜索栏中,搜索 azure iot edge 并安装该扩展,如图 1-3 所示。

图 1-3 扩展搜索栏

安装扩展后,Visual Studio Code 会提供向导帮助创建 IoT Edge 部署。只需经过少量的修改,就可以完成配置并部署 ML 模型了。

1.4.2 操作步骤

本实用案例的操作步骤如下。

（1）在 Visual Studio Code 中，使用组合键 Ctrl＋Shift＋P 打开命令窗口，找到 **Azure IoT Edge：New IoT Edge Solution**，如图 1-4 所示。

图 1-4　Azure IoT Edge：New IoT Edge Solution

（2）为代码选择存储路径。
（3）输入解决方案的名称。
（4）选择编程语言，此处使用 Python 作为编程语言。
（5）创建模块名称。
（6）选择本地端口以便在本地运行代码。

1.4.3　工作机理

跟随向导完成操作后，可以在 Visual Studio Code 资源管理器中看到如图 1-5 所示的内容。

图 1-5　Visual Studio Code 资源管理器显示内容

项目的主入口是 main.py，用于缩短开发时间。要部署 main.py，需要使用 deployment.template.json 文件。右击 deployment.template.json 会弹出一个菜单，其中有创建部署清单的选项。在 modules 文件夹中，有一个示例模块，其中包含 3 个 Docker 文件，分别用于 ARM32、AMD64 和 AMD64 的调试模式。这些是目前所支持的芯片组架构。Dockerfile.arm32v7 是

Raspberry Pi v3 上支持的架构。

为了确保创建的是 ARM32 容器而不是 AMD64 容器,打开 module.json 文件,删除任何对其他 Docker 文件的引用。例如,下面有 3 个 Docker 文件的引用:

```
platforms": {
    "amd64": "./Dockerfile.amd64",
    "amd64.debug": "./Dockerfile.amd64.debug",
    "arm32v7": "./Dockerfile.arm32v7"
}
```

删除两个 Docker 文件引用后,新文件如下:

```
platforms": {
"arm32v7": "./Dockerfile.arm32v7"
}
```

1.4.4 补充说明

安装 TensorFlow(ML 库)、Keras(TensorFlow 的抽象层,使其更容易编程)和 h5py(序列化层,允许序列化和反序列化 TensorFlow 模型),首先进入目标 Docker 容器,然后进入 requirements.txt 文件,通过输入以下内容安装这些库:

```
tensorflow
keras
h5py
```

1.5 搭建 Kafka

Kafka 是一个开源项目,成本低廉,可以运行毫秒级延迟的 ML 模型,并且提供多主题发布/订阅(pub/sub)模型。因为 Kafka 是一个开源项目,所以可以下载 Kafka 项目并在本地运行 Zookeeper 和 Kafka。Kafka 的母公司 Confluent 推出一项付费服务,提供许多额外的功能,如仪表盘(dashboards)和 KSQL 等。它们可以在 Azure、AWS 和 Google Cloud 中作为托管服务使用,同时也可以将 Kafka 作为 dockerized 容器运行以供开发使用。

如果采用 Kafka 开发一个好的 IoT 项目,会有许多额外的开销。例如,Kafka 在默认情况下是不安全的,需要通过一系列插件处理安全性,在设备端通过 x.509 证书,在云端通过**轻量级目录访问协议(Lightweight Directory Access Protocol,LDAP)**、Ranger 或 Kerberos 插件。部署 ML 模型也不是一件简单的事情,任何 ML 库都需要转换成 Java 编译器可以使用的东西。虽然 TensorFlow 支持 Java,但许多 ML 库在 Java 中是不可用的。

1.5.1　预备工作

本实用案例中将在 Docker-compose 中使用 Confluent Kafka。运行本案例需要在计算机上安装 Git、Docker 和 Docker-compose。要将 ML 模型添加到 Kafka 流中，需要使用可在 Java 上运行的平台，如 H2O 或 TensorFlow。

1.5.2　操作步骤

本实用案例的操作步骤如下。

（1）备份 GitHub 资源库：

```
git clone https://github.com/confluentinc/cp-all-in-on
```

（2）运行 Docker-compose：

```
docker-compose up -d --build
```

Confluent Kafka 内置了许多容器。等待容器完成启动约 10min 后，进入浏览器导航至 localhost:9091，就可以查看 Kafka Control Center 了。

1.5.3　工作机理

Kafka 使用日志将来自终端用户的数据记录到主题中。之后，用户可以阅读这些主题。Kafka 之所以成为 IoT 社区中颇受欢迎的工具是因为它具备的一些高级功能：多个数据流可以合并；数据流可以转换为基于键/值（key/value-based）的表格，且最新的数据流会更新该表格。但对本书来说，最重要的是 ML 算法可以在毫秒级延迟的流数据（streaming data）上运行。本实用案例展示了如何将数据推送至 Kafka，并创建了一个 Java 项目实时处理数据。

1.5.4　补充说明

将数据流入 Kafka 是相当容易的。生产者（producer）负责发送设备端到云端的消息，而消费者（consumer）负责接收云端到设备端的消息。下面的例子将创建一个生产者。

（1）下载一个示例项目：

```
git clone https://github.com/Microshak/KafkaWeatherStreamer.git
cd KafkaWeatherStreamer
```

（2）安装 requirements 文件：

```
pip install -r requirements.txt
```

（3）运行 weather.py 文件：

```
python3 weather.py
```

执行完上述步骤，可以查看 Kafka Control Center 和流入的数据。Kafka Streams API 是一个实时平台，可以执行毫秒延迟的 ML 计算。Streams API 涵盖了 KTables 和 KStreams 的概念。KStreams 是 Kafka 中各种主题的数据流。KTables 将数据流转换成表，在这些表中，每当有与主键相关联的新记录时，数据就会更新。这允许多个流数据连接在一起，就像数据库中的表一样连接在一起，使 Kafka 不仅可以一次处理单台设备，而且能够将流数据结合在一起从多个来源获取设备数据。

要使用 Streams API，必须首先在计算机上安装 Java 和 Maven。此外，还需要安装**集成开发环境**(Integrated Development Environment，IDE)进行 Java 开发，如 IntelliJ。一旦安装完上述内容，就可以运行 Maven 原型生成启动 Kafka Streams API 项目所需的代码：

```
mvn archetype:generate \
    -DarchetypeGroupId=org.apache.kafka \
    -DarchetypeArtifactId=streams-quickstart-java \
    -DarchetypeVersion=2.2.0 \
    -DgroupId=streams.examples \
    -DartifactId=streams.examples \
    -Dversion=0.1 \
    -Dpackage=myapps
```

在 IntelliJ 中打开新创建的项目，就可以根据 Kafka Streams API 编写代码了。Kafka 的开发者 Confluent 有句格言：**这就是 Java**(It's just Java)。意思是，一旦进入了 Streams API，就可以编写 Java 代码来做任何想做的事情了，例如发送 WebSocket 信息到一个网站或运行 ML 模型。如果它可以用 Java 实现，那么就可以在 KStreams 事件循环中实现。像 deeplearning4j 这样的框架可以使用 Python 训练过的 Keras 模型并在 Java 中运行它们。

1.6 在 Databricks 上安装 ML 库

Databricks 是一个统一的大数据及其分析平台，非常适合训练 ML 模型和处理 IoT 中经常出现的大规模数据。它提供的扩展(如 Delta Lake)允许研究人员查看特定区间的数据，这样就可以在模型发生变化时对其进行分析。Databricks 的一些工具(如 MLflow)允许数据科学家对多个模型进行相互比较。本实用案例将在 Databricks 上安装各种 ML 包，如 TensorFlow、PyTorch 以及 GraphFrames 等。大多数 ML 包可以通过 PyPI 安装。例如，用于安装 TensorFlow 的格式将适用于各种 ML 框架，如 OpenAI Gym、Sonnet、Keras 以及 MXNet。有些工具在 Databricks 中可用，但在 Python 中却不可用。对于这类工具，可以使用 GraphX 和 GraphFrame 等 Java 扩展来安装软件包。

1.6.1 预备工作

在开始实验之前，了解组件之间如何工作是很重要的。先从工作区（workspace）开始了解，工作区是可以通过 Databricks notebooks 在数据科学家和工程师之间分享结果的地方。notebooks 可以与 Databricks 中的文件系统交互操作，存储 Parquet 或 Delta Lake 文件。工作区还可以存储 Python 库和 JAR 等文件。在工作区部分，可以创建文件夹存储共享文件，通常可以创建一个 packages 文件夹存储 Python 和 JAR 文件。在安装 Python 包之前，先了解什么是聚类（cluster）。

在创建的 Databricks 实例中，进入到 **Clusters** 菜单，可以创建一个聚类或使用已创建好的聚类。利用聚类可以指定所需的计算量。Spark 不仅可以处理大型数据集，也可以与 GPU 一起处理 ML 优化过的工作负荷。有些聚类预先安装了诸如 Conda 之类的 ML 工具，而其他聚类则允许安装自己的库。

1.6.2 操作步骤

传统的 ML notebooks 在安装不同版本的 ML 包时可能会出现问题。Databricks 通过允许用户设置一组预安装包资源来解决这个问题。本实用案例把各种 ML 包安装到 Databricks 中。这些包可以被分配给所有新的聚类或特定聚类。这为数据科学家提供了使用新版本 ML 包的灵活性，但仍然支持他们所开发的旧 ML 模型。下面从 3 部分研究本实用案例。

1. 导入 TensorFlow

导入 TensorFlow 等 Python 库最简单的方法是使用 PyPI，安装步骤如下。

（1）进入 https://pypi.org/ 并搜索 TensorFlow。

（2）按照如下格式复制所需的名称和版本号：tensorflow==1.14.0。

（3）在 Databricks 的 **Workspace** 选项卡中，右击任意位置，从下拉菜单中单击 **Create**，然后单击 **Library**，如图 1-6 所示。

（4）在 **Create Library** 页面，选择 **PyPI** 作为库源，如图 1-7 所示。

（5）复制库的名称和版本号，并将其粘贴到 **Package** 部分。

（6）单击 **Create**。

如果已经创建了一个聚类，可以将 TensorFlow 附加（attach）到该聚类，也可以在所有聚类上安装 TensorFlow。

2. 安装 PyTorch

PyTorch 是一个用原生 Python 编写的流行 ML 库，内置了对 GPU 的支持。PyTorch 的安装与 TensorFlow 非常相似。可以通过 PyPI 在 **Create | Library** 菜单中选择并进行安

图1-6　进入 Create Library 页面

图1-7　选择 PyPI 作为库源

装。在 PyPI 的 import library 菜单中，输入 PyPI 的当前版本（torch==1.1.0.post2），安装步骤如下。

（1）进入 https://pypi.org/ 并搜索 PyTorch。

（2）按照如下格式复制所需的名称和版本号：torch==1.1.0.post2。

（3）在 Databricks 的 **Workspace** 选项卡中，右击任意位置，从下拉菜单中单击 **Create**，然后单击 **Library**。

（4）选择 **PyPI** 作为库源。

（5）复制库的名称和版本号，并将其粘贴到 **Package** 部分。

（6）单击 **Create**。

如果已经创建了一个聚类，可以将 PyTorch 附加到该聚类，也可以在所有聚类上安装 PyTorch。

3. 安装 GraphX 和 GraphFrames

Spark 提供的部分分布式库在数据科学领域的其他地方是不可用的，GraphFrames 就是其中之一。在图论中，可以进行诸如寻找最短路径、网络流（network flow）、同质性（homophily）、中心性（centrality）和影响力（influence）等操作。因为 GraphFrames 是在 GraphX（一个 Java 库）上构建的，所以需要安装 Java 库。为了使用 Python 包装器（wrapper），需要使用 pip 命令安装访问 Java JAR 文件的 Python 库。安装步骤如下。

（1）从 https://spark-packages.org/package/graphframes/graphframes 下载 JAR 文件，找到可以与在聚类中运行的 Spark 版本匹配的版本。

（2）在 Databricks 的 **Workspace** 选项卡中，右击任意位置，从下拉菜单中单击 **Create**，然后单击 **Library**。

（3）将 JAR 文件拖放到名为 **Drop JAR here** 的空间中。

（4）单击 **Create**。

（5）然后，导入另一个库。

（6）在 Databricks 的 **Workspace** 选项卡中，右击任意位置，从下拉菜单中单击 **Create**，然后单击 **Library**。

（7）选择 **PyPI** 作为库源，并在 **Package** 部分输入 graphframes。

（8）单击 **Create**。

想要测试是否安装成功，可以扫描二维码下载 notebook 示例和数据文件。

1.6.3　工作机理

为数据工程师和数据科学家设计的 Databricks 支持多版本软件和多语言，它允许用户单独配置每个聚类从而允许安装不同版本的 ML 包。TensorFlow 内置在流式聚类上，另一个聚类安装了流行的 Conda 环境。最后，测试环境中有没有安装 TensorFlow。

第 2 章 数 据 处 理

使用的数据采集技术通常决定了可以利用的数据模型类型。如果一台地震仪每小时才报告一次地震活动的数据,那将毫无意义,因为其数据量根本不能满足地震预测的需要。在 IoT 项目中,数据科学家的工作并非在采集数据之后才开始的,而是在前期的设备构建之初就参与其中。当硬件设备建成后,数据科学家需要确定该设备的数据类型是否适合于机器学习。接下来,数据科学家还要帮助电气工程师确定传感器的位置是否正确,以及传感器之间是否存在关联。最后,数据科学家需要采用可以高效执行分析任务的方式存储数据。通过上述工作,可以避免 IoT 的一个重大隐患,即采集和存储的数据最终无法用于机器学习。

本章将讨论数据的存储、采集和分析,以确保有足够的数据进行高效的机器学习。从如何存储和访问数据开始,然后研究数据采集的设计,确保从设备端得到的数据对机器学习是可行的。

本章将涵盖以下实用案例:

- 使用 Delta Lake 存储数据以便分析;
- 数据采集设计;
- 窗口化(windowing);
- 探索性因子分析法;
- 在 Mongo/hot path storage 中实现分析查询;
- 将 IoT 数据导入 Spark 中。

2.1 使用 Delta Lake 存储数据以便分析

如今,有许多方法可以处理用于分析的数据,例如可以将数据存储在 Data Lake、Delta Lake 或 NoSQL 数据库中。本实用案例涵盖了数据存储和检索以及 Delta Lake 的使用。Delta Lake 提供了最快速的数据处理方式和最有效的数据存储方式,还允许查看以往任何时刻所存储的数据。

2.1.1 预备工作

虽然 Delta Lake 是一个开源项目,但在 Delta Lake 中存储文件的最简单方法是通过 Databricks。第 1 章中已经讨论了 Databricks 的搭建,本实用案例假定已经搭建完成并运行了 Databricks。

2.1.2 操作步骤

将文件导入 Delta Lake 很方便,数据可以通过文件或流进行导入。本实用案例的操作步骤如下。

(1) 在 Databricks 中,单击 **Data** 按钮打开数据面板,单击 **Add Data** 按钮,并将文件拖到 **Upload** 部分。

(2) 单击 **Create Table in Notebook**,输入如下代码:

```
# File location and type
file_location = "/FileStore/tables/soilmoisture_dataset.csv"
file_type = "csv"

# CSV options
infer_schema = "false"
first_row_is_header = "false"
delimiter = ","

 df = spark.read.format(file_type) \
   .option("inferSchema", infer_schema) \
   .option("header", first_row_is_header) \
   .option("sep", delimiter) \
   .load(file_location)
display(df)
```

(3) 检查数据,当准备将其保存至 Delta Lake 时,取消最后一行的注释:

```
# df.write.format("parquet").saveAsTable(permanent_table_name)
```

(4) 将"parquet"改为"delta":

```
df.write.format("delta").saveAsTable(permanent_table_name)
```

(5) 查询数据:

```
% sql
SELECT * FROM soilmoisture
```

(6) 优化 Delta Lake 保存文件的方式,使查询更快捷:

```
% sql
OPTIMIZE soilmoisture ZORDER BY (deviceid)
```

Delta Lake 数据可以进行更新、过滤和聚合。此外,也可以很方便地转换成 Spark 或 Koalas DataFrame。

2.1.3 工作机理

Delta Lake 建立在 Parquet 之上。利用列式压缩(columnar compression)和元数据存储,可以使数据检索速度比标准的 Parquet 快 10 倍。除了更快的性能外,Delta Lake 的数据版本化便于数据科学家查看特定时刻的数据状况,以及在模型发生变化时进行根源(root cause)分析。

2.2 数据采集设计

在机器学习和 IoT 中最重要的一个影响因素是数据采集设计。如果采集到的数据是垃圾数据(garbage data),将无法进行机器学习。假设观察一台泵的振动情况,通过如图 2-1 所示的数据可以确定该泵的机械或滚珠轴承是否存在故障,以便在机器严重损坏之前进行预防性维护。

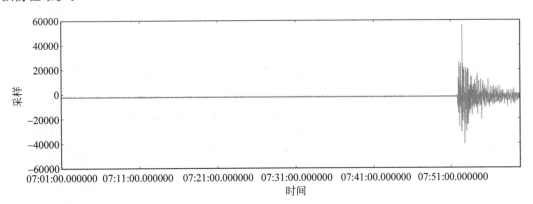

图 2-1 频率为 100Hz 的实时传感器数据

值得一提的是,如果在云端存储频率为 100Hz 的实时传感器数据,代价非常昂贵。为了降低成本,工程师们通常每分钟发送一次数据,但是低频率的数据不能准确地反映所关注的问题。图 2-2 为每分钟只采样一次时的数据情况。

从图 2-2 中可以看到振动计的数据与以 1min 为间隔采集的数据重叠。该数据有一定的利用价值,但并不准确,因为它没有显示出数据的真实大小。如果使用平均值,结果将会更糟糕。图 2-3 为振动计在 1min 内的平均读数。

因为当泵发生故障时,平均值不会改变,所以采用 1min 内的平均读数是一个很糟糕的解决方案。使用标准偏差技术显示方差与平均值的比值确定泵是否存在故障,是一个比平均值技术更精确的解决方案。图 2-4 为振动计在 1min 内的标准读数。

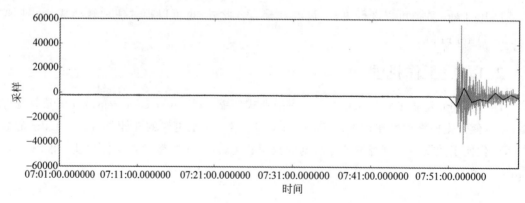

图 2-2 每分钟只采样一次时的数据

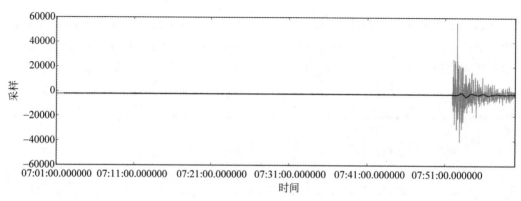

图 2-3 振动计在 1min 内的平均读数

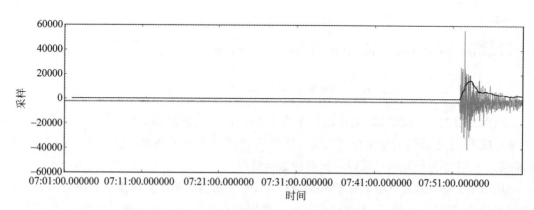

图 2-4 振动计在 1min 内的标准读数

在 1min 的窗口内使用最小窗口和最大窗口，可以精确反映故障的严重性。图 2-5 给出了读数的情况。

由于 IoT 设备在出现故障之前可以正常工作数年，并且在云端转发高频率数据的成本

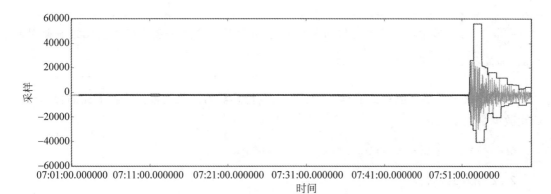

图 2-5　在 1min 窗口内使用最小窗口和最大窗口

很高,因此需要使用其他测量方法确定设备是否需要维护。诸如 min/max、标准差 (standard deviation)或峰值(spikes)等技术可用于触发云端到设备端的消息,指示设备以更高的频率发送数据。高频诊断数据可以使用 Blob Storage 存储大文件。

IoT 的挑战之一是在海量数据中找到有价值的数据。本实用案例将展示如何挖掘更有价值的数据。

2.2.1　预备工作

为了进行数据采集设计,需要一台可以高速传输数据的设备。第 1 章讨论了如何将设备的流数据导入 IoT Hub 中。在实际中,设备数据通常以 15s 或 1min 的间隔来发送。但在数据采集设计中,设备以 10Hz 速率发送数据,即每秒 10 次。数据一旦流入,就可以将其导入 Databricks 中进行实时分析。

2.2.2　操作步骤

在 Databricks notebooks 中,将使用方差、Z-Spikes 和 min/max 等技术分析 IoT 数据。

1. 方差

方差用来衡量数据与平均值之间的差异程度。在下面的代码中,使用 Koalas(Pandas 的分布式备份)完成基本数据工程任务,例如计算方差。以下代码使用滚动窗口上的标准差反映数据峰值问题:

```
import databricks.koalas as ks
df = ks.DataFrame(pump_data)
print("variance: " + str(df.var()))
minute['time'] = pd.to_datetime(minute['time'])
minute.set_index('time')
minute['sample'] =
minute['sample'].rolling(window = 600,center = False).std()
```

在为机器学习采集到足够的数据之前，IoT 的产品线一般采用占空比进行简单的检测，如设备是否过热或振动是否过多等。

也可以通过观察高值和低值（如最大值）查看传感器的读数是否正确。下面的代码可以给出数据集的最大读数：

```
max = DF.agg({"averageRating": "max"}).collect()[0]
```

2. Z-Spikes

可以通过峰值，即观察读数变化的速度判断是否存在问题，例如，室外 IoT 设备的工作温度在南极（South Pole）可能与在死亡谷（Death Valley）阳光直射下是不同的。查看设备是否存在故障的一种方法是观察温度变化的速度。Z-Spikes 是一种典型的基于时间的异常检测。利用 Z-Spikes，仅通过查看设备的读数就能给出一个不受环境因素影响的数值。

Z-Spikes 显示峰值与标准差的差异，使用了统计学的 Z 检验（z-test）确定某一峰值是否大于群体的 99.5%。

3. min/max

最小值和最大值可以反映出系统的极值。下面的代码给出了如何获取 1min 内的最小值和最大值：

```
minute['max'] = minute['sample'].rolling(window = 600, center = False).max()
minute['sample'] = minute['sample'].rolling(window = 600, center = False).min()
```

最小值和最大值可以凸显异常值，这在判断异常时很有用。

2.3 窗口化

主要的窗口函数有三种：滚动（tumbling）窗口、跳跃（hopping）窗口和滑动（sliding）窗口。Spark 和 Stream Analytics 都可以执行窗口化。通过窗口可以查看聚合函数（aggregate function），如平均、计数和求和等，还可以查看最小值和最大值。窗口化是一种特征工程技术，有助于管理数据。本实用案例中将介绍几种窗口化的工具和方法。

2.3.1 预备工作

为了方便实验，还需要一台设备将数据流导入 IoT Hub 中，该数据流需要被 Azure 的 Stream Analytics、Spark 或 Databricks 接收。

2.3.2 操作步骤

利用 Databricks notebooks 或 Stream Analytics 工作区执行该实用案例,窗口化可以将静态的大型数据集转化为机器学习模型的特征。

1. 滚动窗口

滚动窗口可以将数据流分组为不同的时间片段(time segment),如图 2-6 所示,这类窗口不存在重叠。

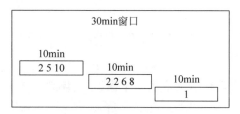

图 2-6 滚动窗口

在流分析(stream analytic)中,若采用滚动窗口计算每 10s 发生的事件,其中一种方法如下:

```
SELECT EventTime, Count( * ) AS Count
FROM DeviceStream TIMESTAMP BY CreatedAt
GROUP by EventTime, TumbelingWindow(minute, 10)
```

在 Spark 中,若对每 10min 发生的事件进行相同的计数,操作如下:

```
from pyspark.sql.functions import *
windowedDF = eventsDF.groupBy(window("eventTime", "10 minute")).count()
```

2. 跳跃窗口

跳跃窗口其实就是允许重叠的滚动窗口,通过设置特定的命令和条件实现跳跃,例如,每隔 5min 提供过去 10min 内的传感器读数。为了使跳跃窗口像滚动窗口一样,需要保证跳跃大小与窗口大小相同,如图 2-7 所示。

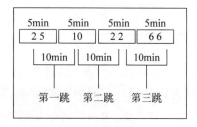

图 2-7 跳跃窗口

下面的流分析例子给出了在一个大小为 10min 的窗口内的消息计数,每隔 5min 进行一次计数:

```
SELECT EventTime, Count( * ) AS Count
FROM DeviceStream TIMESTAMP BY CreatedAt
GROUP by EventTime, HopingWindow(minute, 10, 5)
```

在 PySpark 中,可以通过一个窗口函数来实现这一功能。下面的例子给出了一个窗口化的 Spark DataFrame,每隔 5min 在 DataFrame 的新条目中产生一个条目,跨度为 10min。

```
from pyspark.sql.functions import *
windowedDF = eventsDF.groupBy(window("eventTime", "10 minute", "5 minute")).count()
```

3. 滑动窗口

当某一事件发生时,滑动窗口会产生一个输出,具体如图 2-8 所示。

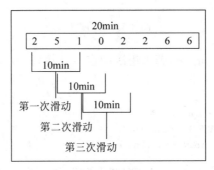

图 2-8 滑动窗口

在流分析的例子中,通过使用滑动窗口,只有在大小为 10min 的窗口内有超过 100 条消息时才会收到结果。与其他方法(查看一个特定的时间窗口,并显示该窗口的一条消息)不同的是,在滑动窗口中,每当有消息输入时就会收到一条消息。另一种方法是显示滚动平均值:

```
SELECT EventTime, Count( * ) AS Count
FROM DeviceStream TIMESTAMP BY CreatedAt
GROUP by EventTime,
SlidingWindow(minutes, 10)
WHERE COUNT( * ) > 100
```

2.3.3 工作机理

使用窗口化技术,IoT 数据可以显示一段时间内的频率、总和、标准差和百分比分布等情况。窗口化可以用特征工程来增强数据,也可以将数据转换为聚合数据集,如窗口化可以显示一个工厂生产了多少台设备,或者显示传感器读数的调制情况等。

2.4 探索性因子分析法

垃圾数据是困扰 IoT 的关键问题之一，因为数据在被采集之前往往没有经过核验。通常情况下，因为没有选择合适的数据类型进行度量，就会存在传感器设置不当或数据看起来像是随机数的情况。例如，因为中心极限定理，一台振动计显示的数据可能是以平均值为中心的，但实际上数据的大小是在大幅增加的。为了解决这个问题，我们必须对设备数据进行探索性因子分析。

本实用案例将探讨几种因子分析技术，利用 Databricks notebooks 分析汇总数据以及原始遥测数据。

2.4.1 预备工作

需要事先将数据放入 Databricks 的表中，在 2.1 节的实用案例中已介绍。一旦数据放入 Spark 的数据表中，就可以进行因子分析了。

2.4.2 操作步骤

该实用案例由两部分组成：第一部分是对数据进行可视化检测，可视化检测可以发现软件的 bug，了解设备的运行方式，并确定设备的数据模式；第二部分研究相关性和协方差，用于判断传感器是否冗余。

1. 可视化检测

Spark 只需少量的代码就可以实现基本图表的查看。使用 Databricks notebooks 顶部的魔法符号 (magic symbol)，可以轻松地将语言从 Python 改为 Scala 或 SQL。使用 Databricks 内置的图表系统时，需要注意的是，它只能查看前 10000 条记录。对于大型数据集，可以使用其他图表库。具体操作步骤如下。

(1) 使用 %sql 查询 Databricks 中的数据：

```
% sql
select * from Telemetry
```

(2) 选择位于返回数据网格 (returned data grid) 底部的 chart 图标，将弹出如图 2-9 所示的图表生成器 UI。

(3) 选择最能代表数据的图表类型。一些图表适合于变量比较，而另一些则更适合于显示趋势走向。

2. 图表类型

不同类型的图表可以反映数据的不同方面，主要包括比较 (comparison)、组合 (composition)、关系 (relationship) 和分布 (distribution)。关系图表用于检验假设或观察一

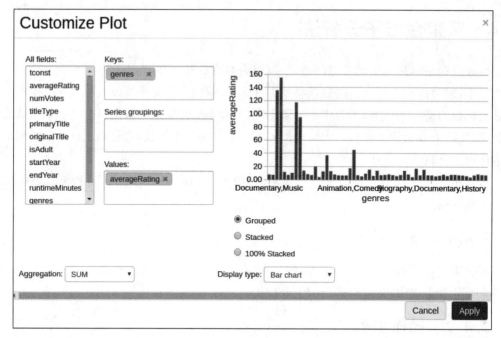

图 2-9　图表生成器 UI

个因素如何影响其他因素。组合图表反映了数据集的百分比分类，经常被用来进行各种因素之间的比较。分布图表用于反映群体的分布情况，可用于判断数据是随机的、较分散的、还是归一化的？比较图表用于将一个值与其他值进行比较。

（1）柱状图（bar and column chart）用于条目间的比较。因为它的页面布局特点，柱状图可以有很多条目，还可以用来反映随时间的变化情况。图 2-10 所示为一个柱状图。

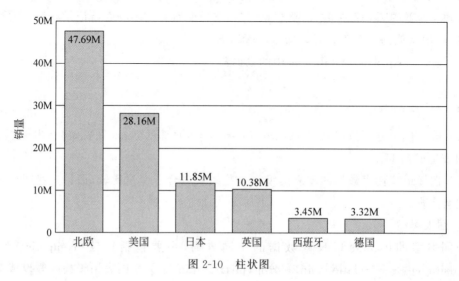

图 2-10　柱状图

（2）散点图（scatter plot）可以反映两个变量之间的关系，也可以反映趋势变化。图 2-11 所示为一个散点图实例。

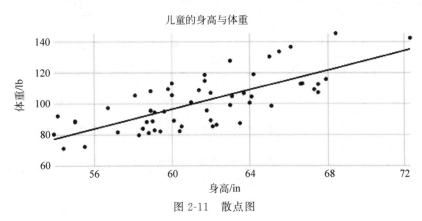

图 2-11　散点图

（3）如果需要显示 3 个变量之间的关系时，可以使用气泡图（bubble chart）。气泡图也可以用来反映异常情况。图 2-12 所示是一个气泡图实例（彩图可扫二维码查看）。

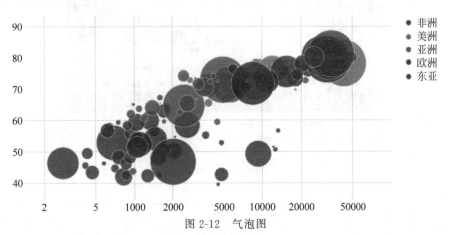

图 2-12　气泡图

（4）折线图（line chart）可以反映设备数据在一天内随时间变化的情况。如果设备数据是有季节性的，可能需要把一天中的时间作为算法的一部分，或者使用非季节性的算法。图 2-13 所示是一个折线图实例。

（5）区域图（area chart）类似折线图，用于反映一个区段的面积与另一个区段的对比情况。图 2-14 所示是一个区域图实例（彩图可扫二维码查看）。

（6）分位数图（quartile plot）将数据分割成片段（即分位数）来帮助确定群体的形状。常见的分位数是 25%、50% 和 75%，或 33%、66%，或 5%、95%（百分比通常可作为分位数）。了解数据参数是否在预期范围内对于判断设备是否出现故障非常重要。图 2-15 所示是一个分位数图实例。

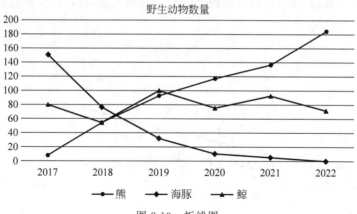

图 2-13 折线图

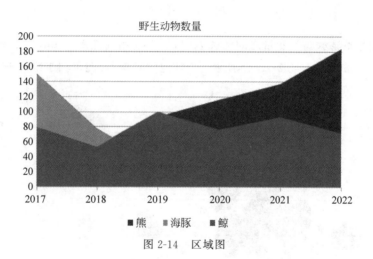

图 2-14 区域图

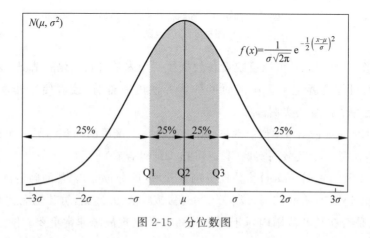

图 2-15 分位数图

3. 冗余传感器

IoT 面临的挑战之一是确定在何处部署传感器以及需要部署的数量。以泵为例，判断泵的轴承是否出现故障的一种方法是使用麦克风监听有无尖厉的啸叫声；另一种方法是查看相关参数来判断是否波动过大；还有一种方法是测量电流是否存在波动。一般单独采用以上三种方法都不能准确地判断泵的滚珠轴承是否发生了故障，但同时实施上述三种技术成本又过高且是冗余的，所以查看不同传感器之间相关性的常用方法是使用热图（heat map）。在下面的代码中，使用热图来找出传感器之间的关联性，即寻找传输冗余信息的传感器：

```python
import numpy as np
import pandas as pd
import matplotlib.pyplot as plt
import seaborn as sns
# load the sample training data
train = pd.read_csv('/dbfs/FileStore/tables/Bike_train.csv')

for i in range(50):
    a = np.random.normal(5, i+1, 10)
    b.append(a)
    c = np.array(b)
    cm = np.corrcoef(c)

plt.imshow(cm, interpolation = 'nearest')
plt.colorbar()

# heat map
plt.figure(figsize = (17,11))
sns.heatmap(train.iloc[:,1:30].corr(), cmap = 'viridis', annot = True)
display(plt.show())
```

热图如图 2-16 所示。

通过案例，可以发现 count 和 registered 有很高的相关性（其数值都接近于 1），temp 和 atemp 的相关性很高。在不裁减相关推论数据（corollary data）的情况下，使用这些数据可以给在数据集上训练的机器学习模型带来加权效应。

当一台设备的数据量很少时，对其进行方差、分布和标准差分析是有价值的。因为此类分析的门槛比机器学习低，所以可以部署在机器生命周期的早期阶段。进行统计分析的好处是有助于确保设备的数据不是重复的或虚假的，以便后续进行机器学习。

交叉制表（cross-tabulation）提供了一个频率分布的表格，可以用来判断两个不同传感器是否冗余。以下是显示交叉表的代码：

```python
display(DF.stat.crosstab("titleType", "genres"))
```

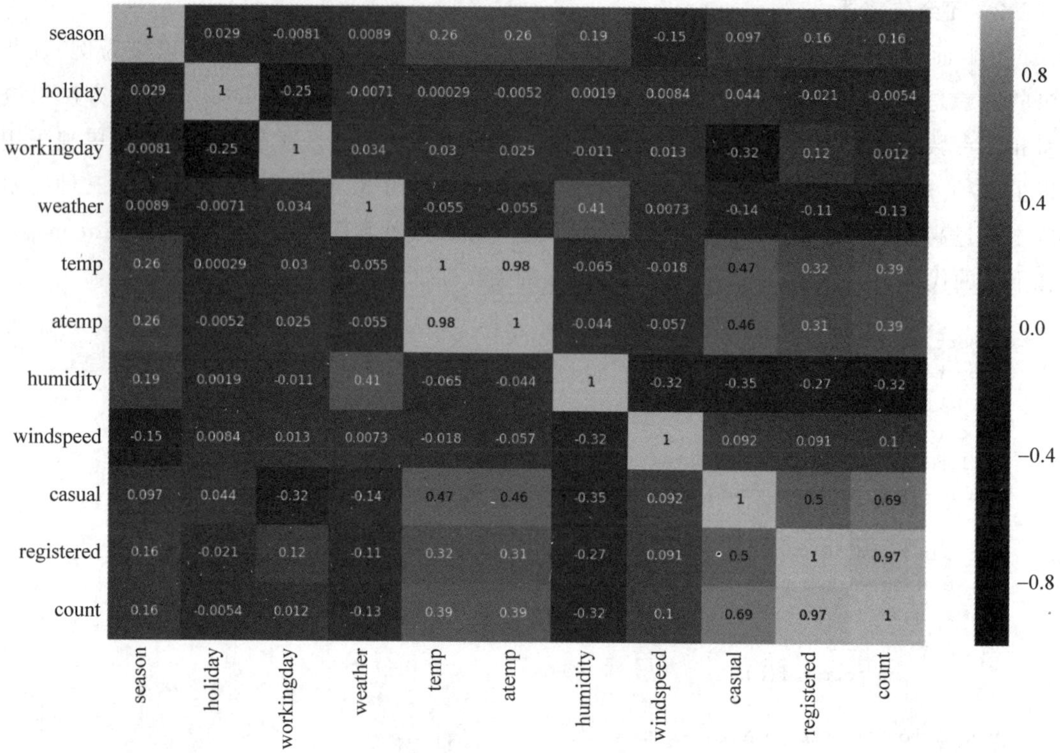

图 2-16 热图

4. 样本的协方差和相关性

协方差用于测量两个传感器相对于彼此的联合变异性（joint variability）大小。正数表示两个传感器之间同向变化，负数表示传感器之间是反向关系。两个传感器的协方差可以通过 Spark DataFrame 中的 DataFrame stat.cov 函数来计算：

```
df.stat.cov('averageRating', 'numVotes')
```

2.4.3 工作机理

物理设备一旦完成制造，再对其进行改造可能代价高昂。本实用案例展示了如何在设备的原型阶段就对其进行检查，以确保所生成的数据是有意义的。使用数据分析工具（如 Databricks）进行初步的数据分析，可以避免将来会困扰 IoT 和 AI 应用的问题，如传感器部署不当、通信不足或过度以及生成的数据无法用于机器学习等。标准的机器学习任务（如预测性维护、异常检测或剩余使用寿命）都有赖于高质量的数据。

2.4.4 补充说明

通过创建过滤组件(filtering widget)可以进一步研究数据。例如,可以使用CREATE WIDGET DROPDOWN进行查询:

```sql
%sql
CREATE WIDGET DROPDOWN tytleType DEFAULT "movie" CHOICES SELECT DISTINCT titleType
FROM imdbTitles
```

利用组件就能创建可以轻松进行分割的数据查询,代码如下:

```sql
%sql
select * from imdbTitles where titleType = getArgument("tytleType")
```

也可以创建其他类型的组件,如文本、组合框和多选等。

2.5 在Mongo/hot path storage中实现分析查询

IoT架构中有热通道数据(hot path data)和冷通道数据(cold path data)之分。热通道数据可以被立即访问,通常存储在NoSQL或时间序列数据库中。例如使用时间序列数据库(如InfluxDB)来计算每台设备在过去一小时内的重置次数,可以用来辅助特征工程。热数据的另一个用途是精确分析。如果一台机器发生了故障,可以通过MongoDB这样的数据库来查询该机器在过去一个月中产生的数据。

冷通道数据通常用于批处理,如机器学习和月度报告。冷通道数据主要是存储在blob、S3存储或兼容HDFS的数据库中的数据。将热通道和冷通道分开,通常是考虑到成本和可扩展性两个因素。IoT数据一般属于大数据的范畴。如果数据科学家想从NoSQL数据库中查询数年来的数据,使用Web应用可能会很吃力。如果数据是存储在磁盘的冷通道中的,情况就不一样了。另外,如果数据科学家需要从数十亿条记录中仅查询几百条记录,那么NoSQL数据库会更合适。

本实用案例主要针对热数据的处理,重点是从MongoDB中提取IoT数据。首先从一台设备中提取数据,然后将其聚合到多台设备上。

2.5.1 预备工作

流分析可以将IoT数据导入MongoDB。要实现这一步,可以通过Azure Kubernetes服务或使用Atlas MongoDB云供应商来启动MongoDB。一旦有了数据库,就可以使用函数应用程序在IoT Hub和MongoDB之间转移数据了。

2.5.2 操作步骤

Mongo 有一个类似 SQL 的过滤选项列表。下面的代码给出了如何连接到一个本地版本的 Mongo 并查询所有库存状态为 A 的产品：

```
df = spark.read.format("mongo").option("uri",
"mongodb://127.0.0.1/products.inventory").load()
pipeline = "{'deviceid':'8ea23889-3677-4ebe-80b6-3fee6e38a42c'}"
df = spark.read.format("mongo").option("pipeline", pipeline).load()
df.show()
```

以下代码展示了如何运行一个复杂的过滤器，然后执行分组操作。最终对信息进行汇总，输出显示状态为 A 的项目数量：

```
pipeline = "[ { '$match': { 'status': 'A' } }, { '$group': { '_id':
'$item', 'total': { '$sum': '$qty' } } } ]"
df = spark.read.format("mongo").option("pipeline", pipeline).load()
df.show()
```

2.5.3 工作机理

Mongo 在多台计算机或分区上存储索引数据，这使得对特定数据的检索可以在毫秒级延迟时间内完成。NoSQL 数据库可以提供对数据的快速查找，本实用案例将讨论如何在 MongoDB 和 Databricks 之间查询数据。

2.6 将 IoT 数据导入 Spark

要将 Spark 连接到 IoT Hub，首先要创建一个消费者组（consumer group）。消费者组类似于指针，指向消费者在日志中当前所处的位置。在同一个数据日志中可以有多个消费者组。由于消费者组具有容错性和可分配的特点，因此即使在大规模的情况下也能编写出健壮的程序。

2.6.1 预备工作

开始实验前，先登录 Azure IoT Hub 门户并选择 **Build-in endpoints** 菜单选项。然后，通过输入文本添加一个消费者组。在同一个界面复制 **Event Hub-compatible endpoint** 连接字符串。

2.6.2 操作步骤

本实用案例的操作步骤如下：

(1) 在 Databricks 中,启动一个新的 notebook,并输入连接到 IoT Hub 所需的信息。然后输入以下代码:

```python
import datetime as dt
import json

ehConf = {}
ehConf['eventhubs.connectionString'] = ["The connection string you copies"]
ehConf['eventhubs.consumerGroup'] = "[The consumer group you created]"

startingEventPosition = {
    "offset": -1,
    "seqNo": -1,  # not in use
    "enqueuedTime": None,  # not in use
    "isInclusive": True
}

endingEventPosition = {
    "offset": None,  # not in use
    "seqNo": -1,  # not in use
    "enqueuedTime": endTime,
    "isInclusive": True
}

ehConf["eventhubs.recieverTimeout"] = 100
```

(2) 将数据导入 Spark DataFrame 中:

```python
df = spark \ .readStream \
  .format("eventhubs") \
  .options(**ehConf) \
  .load()
```

(3) 对数据进行结构化处理,以便使用结构化流:

```python
from pyspark.sql.types import *
Schema = StructType([StructField("deviceEndSessionTime", StringType()), StructField("sensor1", StringType()),
  StructField("sensor2", StringType()),
  StructField("deviceId", LongType()),
  ])
```

(4) 将模式应用到 DataFrame,便于像处理表格一样处理数据:

```python
from pyspark.sql.functions import *

rawData = df. \
```

```
    selectExpr("cast(Body as string) as json"). \
    select(from_json("json", Schema).alias("data")). \
select("data.*")
```

2.6.3 工作机理

本实用案例中首先连接到 IoT Hub，并将数据导入 DataFrame 中。随后为框架添加一个结构，以便我们能够像查询数据库表格一样查询数据。

接下来的几章将讨论如何创建模型。使用冷通道数据创建模型后，可以通过将这些训练好的模型推送至 Databricks 的结构化流中来执行近乎实时的机器学习。

第 3 章　面向 IoT 的机器学习

机器学习深刻地改变了生产制造商利用 IoT 所能做的事情。如今，众多的行业都提出了特定的 IoT 需求。例如，**医疗物联网**（Internet of Medical Things，IoMT）拥有可以居家佩戴的门诊心脏监护仪等设备，这些设备往往需要通过网络发送大量数据，或者在边缘端需要超大算力来处理与心脏有关的事件。另一个例子是**农业物联网**（Agricultural IoT，AIoT），其设备通常部署在没有 Wi-Fi 或移动网络的地方。指令或模型被推送至这些半连接的设备（semiconnected device）上。许多类似的设备都需要在边缘端直接进行决策。当使用 LoRAWAN 或 TV 等技术最终建立连接后，空余空间（white space）模型将会下载至这些设备端。

本章讨论使用机器学习模型（如 Logistic 回归和决策树）解决常见的 IoT 问题，如医疗诊断分类、危险驾驶行为检测以及化学数据分类等，研究应用于受限设备（constrained device）的技术，以及如何使用无监督学习理解如原型机等仅拥有少量数据的设备。

本章将涵盖以下实用案例：
- 采用异常检测分析化学传感器；
- IoMT 中的 Logistic 回归；
- 使用决策树对化学传感器进行分类；
- 使用 XGBoost 进行简单的预测性维护；
- 危险驾驶行为检测；
- 在受限设备端进行人脸检测。

3.1　采用异常检测分析化学传感器

精确的预测模型需要数量庞大且曾发生过故障的现场设备，以便有足够的故障数据用于预测。对于一些做工精良的工业设备来说，发生所需规模的故障可能需要耗费数年的时间。异常检测可以用来识别那些表现异常的设备，还可以用来筛查成千上万相似的信息，并精准地从中找出异常信息。

机器学习中的异常检测可以分为**无监督的**（unsupervised）、**有监督的**（supervised）和**半监督的**（semisupervised）。通常首先使用一个无监督的机器学习算法，将数据聚类分为行为模式或群体，这类满足特定条件的数据集合称为桶（bucket）。当需要对机器进行检查时，一些bucket用于识别行为，而另一些则用于识别设备出现的故障。设备可以表现出不同的行为模式，包括静止状态（resting state）、使用状态（in-use state）、冷状态（cold state）或其他需要进一步研究的状态。

本实用案例中，假定对使用的数据集里的数据所知甚少。异常检测作为发现问题过程中的一部分，经常与原型一起使用。

3.1.1 预备工作

异常检测是最容易实现的机器学习模型之一。本实用案例使用的数据来自检测酒类的化学传感器。作为预备工作，需要导入以下数据库：NumPy、Sklearn 和 Matplotlib。

3.1.2 操作步骤

要完成本实用案例，需要遵循以下步骤。

（1）导入所需的库：

```python
import numpy as np
from sklearn.cluster import KMeans
import matplotlib.pyplot as plt
```

（2）上传数据文件到DataFrame中：

```python
df = spark.read.format("csv") \
    .option("inferSchema", True) \
    .option("header", True) \
    .option("sep", "\t") \
    .load("/FileStore/tables/HT_Sensor_metadata.dat")
```

（3）通过数据集查看数据的分组是否与聚类的数量相关：

```python
pdf = df.toPandas()

y_pred = KMeans(n_clusters = 3,
                random_state = 2).fit_predict(pdf[['dt','t0']])

plt.scatter(pdf['t0'],pdf['dt'], c = y_pred)
display(plt.show())
```

输出如图3-1所示，给出了三组不同的数据，紧凑的聚类表示数据具有明确的边界。如果将聚类的数目调整为10，将能够更好地分离不同的组。这些聚类片段可以帮助我们识别不同的数据段，也有助于确定传感器的最佳位置以及在机器学习模型中执行特征工程。

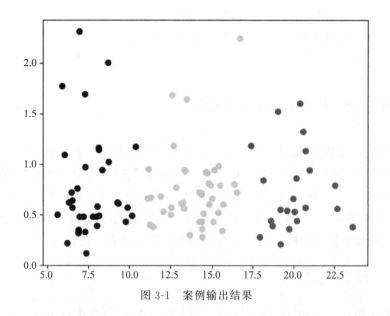

图 3-1　案例输出结果

3.1.3　工作机理

本实用案例使用 NumPy 处理数据，使用 Sklearn 作为机器学习算法，并使用 Matplotlib 查看结果。将制表符分割的文件导入 Spark 数据框架中，将数据转换为 Pandas DataFrame。然后在 3 个聚类（cluster）上运行 K-means 算法，这样就可以输出图表了。

K-means 是一种将数据分组并形成聚类的算法。它是一种流行的用于无标签数据的聚类算法。K-means 首先随机初始化聚类质心（cluster centroid），本例中有 3 个聚类质心。然后，将聚类质心分配给相近的数据点。接下来，修正每个聚类质心到各自聚类的中间位置。重复上述步骤，直到对数据点进行了适当的划分。

3.1.4　补充说明

注意图 3-1 中的离群值（outlier）。对原型来说，这些值是非常值得关注的。离群值代表的可能是机器内部的功率波动、传感器放置不当或其他问题。下面的代码示例给出了对数据的简单的标准差计算，结果显示有 2 个值落在距离均值 3 个标准差之外：

```
from numpy import mean
from numpy import std

data_mean, data_std = mean(pdf['dt']), std(pdf['dt'])

cut_off = data_std * 3
lower, upper = data_mean - cut_off, data_mean + cut_off
```

```
outliers = [x for x in pdf['dt'] if x < lower or x > upper]
print('Identified outliers: % d' % len(outliers))
print(outliers)
```

3.2　IoMT 中的 Logistic 回归

本实用案例讨论如何使用 Logistic 回归对乳房 X 光检查数据进行分类。近几年，IoMT 发展迅速，开发的许多设备可以供患者出院回家后佩戴，为居家医疗监测提供了一种解决方案，而在医院配套使用的设备则为医生提供了医学检测之外的补充反馈。许多情况下，机器学习算法能够发现医生可能忽略的疾病和问题，或给他们提供额外的建议。本实用案例将使用乳腺癌数据集判断一份乳房 X 光检查记录是恶性还是良性。

3.2.1　预备工作

所需的数据集和 Databricks notebooks 可以在 GitHub 资源库（repository）中找到。该数据集比较冗杂，有些甚至是高度相关的坏数据列。换句话说，有些传感器是重复的，存在未使用的列和无关的数据。为了便于阅读，GitHub 资源库中有两个 notebook：第一个执行所有的数据操作，并把数据放到一个数据表中；第二个进行机器学习。下面重点介绍关于数据操作的 notebook。本实用案例的最后将讨论另外两个 notebook 展示 MLflow 的例子。

本实用案例中还需要 MLflow 工作区，进入 Databricks 并创建工作区，以便在工作区记录结果。

3.2.2　操作步骤

本实用案例的操作步骤如下。

（1）导入所需的库：

```
import pandas as pd

from sklearn import neighbors, metrics
from sklearn.metrics import roc_auc_score, classification_report,\
precision_recall_fscore_support,confusion_matrix,precision_score, \
roc_curve,precision_recall_fscore_support as score
from sklearn.model_selection import train_test_split

import statsmodels.api as sm
import statsmodels.formula.api as smf
```

(2) 导入数据：

```
df = spark.sql("select * from BreastCancer")
pdf = df.toPandas()
```

(3) 分割数据：

```
X = pdf
y = pdf['diagnosis']
X_train, X_test, y_train, y_test = \
    train_test_split(X, y, test_size = 0.3, random_state = 40)
```

(4) 创建 formula：

```
cols = pdf.columns.drop('diagnosis')
formula = 'diagnosis ~ ' + ' + '.join(cols)
```

(5) 训练模型：

```
model = smf.glm(formula = formula, data = X_train,
                family = sm.families.Binomial())
logistic_fit = model.fit()
```

(6) 测试模型：

```
predictions = logistic_fit.predict(X_test)
predictions_nominal = [ "M" if x < 0.5 else "B" for x in \
                       predictions]
```

(7) 评估模型：

```
print(classification_report(y_test, predictions_nominal, digits = 3))
```

输出给出了恶性肿瘤(M)和良性肿瘤(B)的 precision、recall 和 f1-score 的值，如图 3-2 所示。

(8) 评估误差矩阵(confusion matrix)：

```
cfm = confusion_matrix(y_test, predictions_nominal)
precision, recall, fscore, support = score(y_test, predictions_nominal,
                                            average = 'macro')
print('Confusion Matrix: \n', cfm, '\n')
```

输出结果如图 3-3 所示。

	precision	recall	f1-score
B	0.957	0.957	0.957
M	0.907	0.907	0.907

图 3-2　评估模型输出

图 3-3　评估误差矩阵

结果显示,在测试集的 171 条记录中,112 条为真阴性,49 条为真阳性,即在 171 条记录中,能够正确识别 161 条记录。其中 10 个预测是错误的:5 个误测为假阴性,5 个误测为假阳性。

3.2.3 工作机理

本实用案例使用了 Logistic 回归。Logistic 回归是一种既可用于传统统计又可用于机器学习的技术。由于其简洁但功能强大,许多数据科学家将 Logistic 回归作为首选模型,并将它作为基准(benchmark)。Logistic 回归是一个二元分类器,这意味着它的输出可以为 true 或 false。本例采用 Logistic 回归将肿瘤分类为良性或恶性。

首先,导入 Koalas 进行数据处理,导入 Sklearn 用于模型和分析。从数据表中导入数据,并将其放入一个 Pandas DataFrame 中。然后把数据分成测试集和训练集,并创建一个公式(formula)描述模型中使用的数据列。这样,就给出了该模型的 formula、训练数据集以及将要使用的算法。最终输出可以用于评估新数据模型。创建一个名为 predictions_nominal 的 DataFrame,可以用它与测试结果数据集进行比较。分类报告给出了 precision、recall 和 f1-score 的值。

(1) **precision**:预测的正向结果与预期的正向结果的数量之比。

(2) **recall**:预测的正向结果与总数之比。

(3) **f1-score**:precision 和 recall 的混合结果。

查看模型结果,并计算准确率,主要考查的因素如下。

(1) **True Negatives**:被模型预测为负向结果的负向测试集样本。

(2) **False Positives**:被模型预测为正向结果的负向测试集样本。

(3) **False Negatives**:被模型预测为负向结果的正向测试集样本。

(4) **True Positives**:被模型预测为正向结果的正向测试集样本。

3.2.4 补充说明

将结果记录在 MLflow 中,以便与其他算法进行比较。此外还将保存其他参数(如使用的主要 formula 和预测的项目等):

```
import pickle
import mlflow

with mlflow.start_run():
    mlflow.set_experiment("/Shared/experiments/BreastCancer")
    mlflow.log_param("formula", formula)
    mlflow.log_param("family", "binomial")
    mlflow.log_metric("precision", precision)
    mlflow.log_metric("recall", recall)
```

```
mlflow.log_metric("fscore", fscore)
filename = 'finalized_model.sav'
pickle.dump(model, open(filename, 'wb'))
mlflow.log_artifact(filename)
```

3.3 使用决策树对化学传感器进行分类

本实用案例将使用**金属氧化物**(Metal-Oxide，MOx)传感器的化学数据确定空气中是否含有酒精。这种传感器通常用于确定空气中是否含有食物或化学微粒，化学传感器可以检测到对人体有毒的气体或仓库中的食物泄漏等。

3.3.1 操作步骤

本实用案例的操作步骤如下。

(1) 导入库：

```
import pandas as pd
import numpy as np

from sklearn import neighbors, metrics
from sklearn.model_selection import train_test_split
from sklearn.tree import DecisionTreeClassifier
from sklearn.preprocessing import OneHotEncoder
from sklearn.preprocessing import LabelEncoder
```

(2) 导入数据：

```
df = spark.sql("select * from ChemicalSensor")
pdf = df.toPandas()
```

(3) 对数值进行编码：

```
label_encoder = LabelEncoder()
integer_encoded = \
    label_encoder.fit_transform(pdf['classification'])
onehot_encoder = OneHotEncoder(sparse = False)

integer_encoded = integer_encoded.reshape(len(integer_encoded), 1)
onehot_encoded = onehot_encoder.fit_transform(integer_encoded)
```

(4) 测试/训练分割的数据：

```
X = pdf[feature_cols]
y = onehot_encoded
```

```
X_train, X_test, y_train, y_test = \
train_test_split(X, y, test_size = 0.2, random_state = 5)
```

(5)训练和预测：

```
clf = DecisionTreeClassifier()
clf = clf.fit(X_train,y_train)
y_pred = clf.predict(X_test)
```

(6)评估准确率：

```
print("Accuracy:",metrics.accuracy_score(y_test, y_pred))
print("AUC:",roc_auc_score(y_test, y_pred))
```

3.3.2 工作机理

首先要导入本项目所需的库，将数据从 Spark 数据表中导入 Pandas DataFrame 中。One-hot 编码可以将分类值(本例中为 Wine 和 No Wine)转换为适用于机器学习算法的编码值。在步骤(4)中，将特征列和 One-hot 编码列进行分割，将它们分割成测试集和训练集。在步骤(5)中，创建了一个决策树分类器，使用 X_train 和 y_train 数据训练模型，然后使用 X_test 数据创建 y_prediction 数据集。换句话说，最后将根据数据集对 X_test 数据集的预测得到一组称为 y_pred 的预测。在步骤(6)中，评估模型的准确率和曲线下面积(**Area Under the Curve，AUC**)。

当数据较为复杂时可以使用决策树分类器来解决。因此，可以遵循 Yes/No 的逻辑规则来决定是否使用决策树，如图 3-4 所示。

机器学习算法可以训练决策树模型使用数字型数据(numeric data)，如图 3-5 所示。

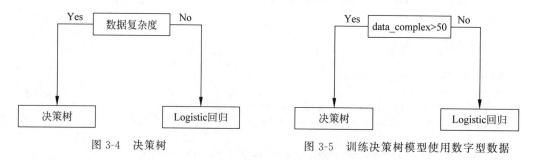

图 3-4　决策树　　　　　　　图 3-5　训练决策树模型使用数字型数据

在现有可用数据的情形下，机器学习算法可以训练模型准确地挑选出最佳的路径。

3.3.3 补充说明

Sklearn 决策树分类器有两个可以调整的超参数：**criterion** 和 **max depth**，通过调整超参数可以观察准确率是否得到提高。超参数 criterion 可以是基尼系数（gini）或熵（entropy），这两个准则都可以评估子节点的不纯度（impurity）。另一个超参数 max depth 可能会导致过拟合（overfitting）或欠拟合（underfitting）。

 欠拟合与过拟合
- 欠拟合的模型是不精确的，也不能很好地代表它们所训练的数据。
- 过拟合的模型无法对所训练的数据进行泛化，只对训练集中相同的数据进行拟合，而忽略了训练集中相似的数据。

3.4 使用 XGBoost 进行简单的预测性维护

每台设备都有使用寿命也需要经常性地进行维护。预测性维护是 IoT 中最常用的机器学习算法之一。第 4 章将深入探讨预测性维护，研究序列数据（sequential data）以及这些数据如何随季节性变化。本实用案例将从简单的分类角度探讨预测性维护。

本实用案例使用 NASA Turbofan engine degradation simulation 数据集，主要涉及 3 种分类：第一类是发动机不需要维护，一般用绿色表示；第二类是发动机在后续的 14 个维护周期内需要维护，一般用黄色表示；第三类是发动机需要维护，一般用红色表示。算法方面将使用 **extreme gradient boosting**，简称 **XGBoost**，XGBoost 近年来颇受欢迎，多次赢得了 Kaggle 竞赛。

3.4.1 预备工作

首先要准备 NASA Turbofan engine degradation simulation 数据集，这些数据和 Spark notebook 可以在本书配套的代码资源包或 NASA 网站上找到。另外，需要在 Databricks 中安装 XGBoost 库。

3.4.2 操作步骤

本实用案例的操作步骤如下。

（1）导入所需的库：

```
import pandas as pd
import numpy as np
from pyspark.sql.types import *
import xgboost as xgb
from sklearn.model_selection import train_test_split
from sklearn.metrics import precision_score
import pickle import mlflow
```

(2) 导入数据：

```
file_location = "/FileStore/tables/train_FD001.txt"
file_type = "csv"

schema = StructType([
                    StructField("engine_id", IntegerType()),
                    StructField("cycle", IntegerType()),
                    StructField("setting1", DoubleType()),
                    StructField("setting2", DoubleType()),
                    StructField("setting3", DoubleType()),
                    StructField("s1", DoubleType()),
                    StructField("s2", DoubleType()),
                    StructField("s3", DoubleType()),
                    StructField("s4", DoubleType()),
                    StructField("s5", DoubleType()),
                    StructField("s6", DoubleType()),
                    StructField("s7", DoubleType()),
                    StructField("s8", DoubleType()),
                    StructField("s9", DoubleType()),
                    StructField("s10", DoubleType()),
                    StructField("s11", DoubleType()),
                    StructField("s12", DoubleType()),
                    StructField("s13", DoubleType()),
                    StructField("s14", DoubleType()),
                    StructField("s15", DoubleType()),
                    StructField("s16", DoubleType()),
                    StructField("s17", IntegerType()),
                    StructField("s18", IntegerType()),
                    StructField("s19", DoubleType()),
                    StructField("s20", DoubleType()),
                    StructField("s21", DoubleType())
                    ])
df = spark.read.option("delimiter"," ").csv(file_location, schema = schema, header = False)
```

(3) 创建数据的表视图(table view)：

```
df.createOrReplaceTempView("raw_engine")
```

(4) 转换数据：

```
%sql
drop table if exists engine;
create table engine as
(select e.*, CASE WHEN mc - e.cycle = 1 THEN 1 ELSE
```

```
CASE WHEN mc - e.cycle < 14 THEN 2 ELSE
0 END END as label
from raw_engine e
join (select max(cycle) mc, engine_id from raw_engine group by engine_id) m
on e.engine_id = m.engine_id)
```

(5) 测试、训练和分割数据:

```
new_input = spark.sql("select * from engine").toPandas()
training_df, test_df = train_test_split(new_input)
```

(6) 准备模型:

```
dtrain = xgb.DMatrix(training_df[['setting1','setting2','setting3',
's1', 's2', 's3',
's4', 's5', 's6', 's7', 's8', 's9', 's10', 's11', 's12', 's13', 's14',
's15', 's16', 's17', 's18', 's19', 's20', 's21']],
label = training_df["label"])
param = {'max_depth': 2, 'eta': 1, 'silent': 1, 'objective':
'multi:softmax'}
param['nthread'] = 4
param['eval_metric'] = 'auc'
param['num_class'] = 3
```

(7) 训练模型:

```
num_round = 10
bst = xgb.train(param, dtrain, num_round)
```

(8) 评估模型:

```
dtest = xgb.DMatrix(test_df[['setting1', 'setting2', 'setting3',
                             's1', 's2', 's3', 's4', 's5', 's6',
                             's7', 's8', 's9', 's10', 's11',
                             's12', 's13', 's14', 's15', 's16',
                             's17', 's18', 's19', 's20', 's21']])
ypred = bst.predict(dtest)
pre_score = precision_score(test_df["label"], ypred, average = 'micro')
print("xgb_pre_score:", pre_score)
```

(9) 存储结果:

```
with mlflow.start_run():
    mlflow.set_experiment("/Shared/experiments/\
    Predictive_Maintenance")
    mlflow.log_param("type", 'XGBoost')
```

```
mlflow.log_metric("precision_score", pre_score)
filename = 'bst.sav'
pickle.dump(bst, open(filename, 'wb'))
mlflow.log_artifact(filename)
```

3.4.3 工作机理

首先导入Pandas、Pyspark和NumPy用于数据处理,导入XGBoost作为算法,导入Sklearn用于对结果进行评估,最后导入MLflow和pickle用于保存这些结果。步骤(2)在Spark中指定了一种模式。Databricks的推断模式特性常常会使模式出错,通常需要指定数据类型。在步骤(3)中,创建了一个数据的临时视图,以便使用Databricks中的SQL工具。在步骤(4)中,使用页面顶部神奇的%sql标签,将语言改为SQL。然后创建了一个取名为engine的表,该表包含引擎数据和一个新的列,如果引擎还剩余14个以上的周期,列的值取0;如果只剩余1个周期,列的值取1;如果剩余14个周期,列的值就取2。然后切换回默认的Python语言,将数据分为测试集和训练集。在步骤(6)中,指定模型中的列以及超参数。模型训练完成后进行测试,并打印输出准确率。最后将结果存储在MLflow中。第4章将针对这个数据集进行其他实验,看看哪一个性能最好。

XGBoost有大量的参数可以进行调整。这些参数可以是允许算法使用的线程数,也可以是有助于提高准确率或防止过拟合和欠拟合的参数。常见的可调整参数如下。

(1) learning_rate:是算法更新其节点的步长大小。它有助于防止过拟合,但也会对完成训练所需的时间产生负面影响。

(2) max_depth:参数太大可能会出现过拟合,太小则可能出现欠拟合。

(3) predictor:是一个指示程序在CPU或GPU上进行计算的标志。在GPU上计算会显著增加运行的时间,但并不是所有的计算机都有GPU。

XGBoost中还有更多的参数可以进行调整。XGBoost决策树的内部采用的是弱学习器(weak learner)或浅层树(shalow tree),使用维度评分系统可以将它们组合成强学习器(strong learner)。这就像第一位医生给出了一个糟糕的诊断结果,但是我们还有第二位、第三位医生的诊断。第一位医生的诊断可能是错误的,但不太可能三位医生都是错的。

3.5 危险驾驶行为检测

机器学习中的计算机视觉技术有助于分辨道路上是否发生了交通事故或存在不安全的因素,并可以与智能销售助手等复杂系统结合起来使用。计算机视觉在IoT领域开辟了许多的可能性。从成本角度来看,计算机视觉也是最具挑战性的。接下来的实用案例将讨论使用计算机视觉的方式:接收从IoT设备生成的大量图像,并使用高性能分布式Databricks格式对其进行预测和分析。在下面的实用案例中,我们采用的是一种低计算量的算法,只需进行少量计算,就可以在边缘设备端执行机器学习。

3.5.1 预备工作

首先需要准备 Databricks,本实用案例将从 Azure Blob Storage 中提取图像。

3.5.2 操作步骤

本实用案例的操作步骤如下。

(1) 导入库并进行配置:

```
from pyspark.ml.classification import LogisticRegression
from pyspark.ml import Pipeline
from sparkdl import DeepImageFeaturizer
from pyspark.ml.evaluation import \
MulticlassClassificationEvaluator
from pyspark.sql.functions import lit
import pickle
import mlflow

storage_account_name = "Your Storage Account Name"
storage_account_access_key = "Your Key"
```

(2) 读取数据:

```
safe_images = "wasbs://unsafedrivers@" + storage_account_name + \
              ".blob.core.windows.net/safe/"
safe_df = spark.read.format('image').load(safe_images)\
              .withColumn("label", lit(0))

unsafe_images = "wasbs://unsafedrivers@" + storage_account_name + \
              ".blob.core.windows.net/unsafe/"
unsafe_df = spark.read.format('image').load(unsafe_images)\
              .withColumn("label", lit(1))
```

(3) 查询数据:

```
display(unsafe_df)
```

(4) 创建测试集和训练集:

```
unsafe_train, unsafe_test = unsafe_df.randomSplit([0.6, 0.4])
safe_train, safe_test = safe_df.randomSplit([0.6, 0.4])
train_df = unsafe_train.unionAll(safe_train)
test_df = safe_test.unionAll(unsafe_test)
```

(5) 建立 pipeline：

```
featurizer = DeepImageFeaturizer(inputCol = "image",
                                 outputCol = "features",
                                 modelName = "ResNet50")
lr = LogisticRegression(maxIter = 20, regParam = 0.05,
                        elasticNetParam = 0.3, labelCol = "label")
p = pipeline(stages = [featurizer, lr])
```

(6) 训练模型：

```
p_model = p.fit(train_df)
```

(7) 评估模型：

```
predictions = p_model.transform(test_df)
predictions.select("filePath", "prediction").show(truncate = False)
df = p_model.transform(test_df)
predictionAndLabels = df.select("prediction", "label")
evaluator = \
MulticlassClassificationEvaluator(metricName = "accuracy")
print("Training set accuracy = " + \
      str(evaluator.evaluate(predictionAndLabels)))
```

(8) 记录结果：

```
with mlflow.start_run():
    mlflow.set_experiment("/Shared/experiments/Workplace Safety")
    mlflow.log_param("Model Name", "ResNet50")
    # Log a metric; metrics can be updated throughout the run
    precision, recall, fscore, support = score(y_test, y_pred, average = 'macro')
    mlflow.log_metric("Accuracy", \
    evaluator.evaluate(predictionAndLabels))
    filename = 'finalized_model.sav'
    pickle.dump(p_model, open(filename, 'wb'))
    # Log an artifact (output file)
    mlflow.log_artifact(filename)
```

3.5.3 工作机理

本实用案例使用 Azure Blob Storage，也可以使用其他存储系统（如 S3 或 HDFS）。用 Blob Storage 账户的密钥替换 storage_account_name 和 storage_account_access_key 字段，从存储账户中读取 safe 和 unsafe 的图像到 Spark Image DataFrame。将 safe 图像放在一个文件夹中，unsafe 图像放在另一个文件夹中。查询图像 DataFrame，看它是否已获取了图像。创建 safe 和 unsafe 的测试集和训练集，然后将数据集合并为一个训练集和一个测试集。接下来创建一个机器学习 pipeline，使用 ResNet-50 算法作为特征器，使用 Logistic 回归作为分类器。然后将分类器放入 pipeline 并训练模型。通过 pipeline 运行训练 DataFrame，从而得到一个训练好的模型，之后再评估模型的准确率。最后将结果存储在 MLflow 中，以便与其他模型进行比较。

目前已经开发了许多的图像分类模型，如 ResNet-50 和 Inception v3 等。此案例使用了 ResNet-50（一种调谐卷积神经网络），这是一个功能强大的图像特征机器学习模型。在机器学习领域，有一个无免费午餐定理（no free lunch theorem），即没有哪个模型会优于其他所有模型。因此，使用者将需要对不同的算法进行测试，简单来说，可以通过修改参数达到这一目标。

除了模型，还可以利用 pipeline 声明算法实现流程中的不同步骤，并独立实现每个步骤。本例使用 ResNet-50 对图像进行特征化处理，ResNet-50 输出的是可以被分类器分类的特征向量。本案例中使用的是 Logistic 回归，也可以使用 XGBoost 或其他的神经网络。

3.5.4 补充说明

如果将算法模型由 ResNet-50 改为 Inception v3，则需要对 pipeline 进行修改：

```
featurizer = deepImageFeaturizer(inputCol = "image", outputCol = "features",
                                 modelName = "ResNet50")
```

使用 Inception v3，可以在图像集上测试不同模型的准确率：

```
featurizer = DeepImageFeaturizer(inputCol = "image", outputCol = "features",
                                 modelName = "InceptionV3")
```

使用一个模型阵列，并在 MLflow 中记录结果：

```
for m in ['InceptionV3', 'Xception', 'ResNet50', 'VGG19']:
    featurizer = DeepImageFeaturizer(inputCol = "image",
                                     outputCol = "features",
                                     modelName = m)
```

3.6 在受限设备端进行人脸检测

深度神经网络的性能往往优于其他分类技术。然而，IoT 设备中没有足够的 RAM、算力和存储量。在受限设备端，RAM 和存储往往是以 MB 为单位，而不是以 GB 为单位，这使得传统的分类器无法使用。云端的一些视频分类服务对每台设备的实时流媒体视频收费超过一万美元。OpenCV 的 Haar 分类器与卷积神经网络的基本原理相同，但其所需的算力和存储能力却很小。OpenCV 有多种语言版本，可以在一些受限的设备端运行。

本实用案例将设置一个 Haar Cascade 检测是否有人靠近摄像头，通常可用于 Kiosk 和其他交互式智能设备。Haar Cascade 运行速度很高，当发现有人靠近机器时，它可以通过云服务或不同的机载的机器学习模型发送图像。

3.6.1　预备工作

首先需要安装 OpenCV 框架：

```
pip install opencv-python
```

从 OpenCV 的 GitHub 页面下载模型或本书的提供资源包查找，对应的文件是 haarcascade_frontalface_default.xml。

导入 haarcascade_frontalface_default.xml 文件创建一个新文件夹，并为代码创建 Python 文件。最后，如果设备端没有摄像头，还需要安装一个摄像头。在下面的实用案例中，将使用 OpenCV 实现 Haar Cascade。

3.6.2　操作步骤

本实用案例的操作步骤如下。

（1）导入库并进行设置：

```python
import cv2
from time import sleep

debugging = True
classifier = \
cv2.CascadeClassifier("haarcascade_frontalface_default.xml")
video = cv2.VideoCapture(0)
```

（2）初始化摄像头：

```python
while True:
    if not video.isOpened():
        print('Waiting for Camera.')
        sleep(5)
        pass
```

（3）捕捉并转换图像：

```python
ret, frame = video.read()
gray = cv2.cvtColor(frame, cv2.COLOR_BGR2GRAY)
```

（4）对图像进行分类：

```python
faces = classifier.detectMultiScale(gray,
```

```
                        minNeighbors = 5,
                        minSize = (100, 100)
                        )
```

(5) 对图像进行调试：

```
if debugging:
    # Draw a rectangle around the faces
    for (x, y, w, h) in faces:
        cv2.rectangle(frame, (x, y), (x + w, y + h), (0, 255, 0), 2)

    cv2.imshow('Video', frame)
    if cv2.waitKey(1) & 0xFF == ord('q'):
        break
```

(6) 检测人脸：

```
if len(faces) > 0:
    # Your advanced code here
    pass
```

3.6.3 工作机理

首先，导入库并进行设置。下一步，导入 OpenCV 和 Python 库，另外导入 time，当摄像头还没有准备好时可以先进入等待。接下来设置一些调试标志，以便在调试时可以直观地测试输出。将 Haar Cascade XML 文件导入分类器中。最后打开连接到机器上的第一个摄像头。在步骤(2)中，等待摄像头准备好。在软件开发时这通常不是问题，因为系统已经识别了摄像头，然后通过设置使程序自动运行。重启系统后，在 1min 内摄像头可能不可用。之后便开始无限循环地处理摄像头图像，捕获图像并将其转换为黑白图像。

运行 detectMultiScale 分类器，检测不同尺寸的人脸。minNeighbors 参数规定了在检测人脸之前需要多少个协作邻居(collaborating neighbors)。minNeighbors 参数设置太小，可能会导致误判；设置太大，可能根本就检测不到人脸。同时，设置人脸需要的最小像素尺寸。为了确保摄像头精确地进行工作，加入了调试代码，将视频和边界框输出到相连的显示器上。对于测试来说，可以发现问题并进行调试。如果检测到了人脸，那么就可以执行相应的任务，例如机载情感分析，或者将其发送到外部服务，例如 Azure Face API，就可以通过人脸 ID 来进行识别了。

Haar Cascade 是一种高效的人脸检测分类器。它将图像的矩形部分与图像的另一部分进行比较，得到人脸的特征。本实用案例使用设备自带的摄像头，对其进行转换，然后使用 Haar Cascade 对其进行分类。

第 4 章 用于预测性维护的深度学习

预测性维护是 IoT 中最受欢迎的机器学习解决方案之一，也是 IoT 中最难以捉摸的机器学习解决方案之一。相比之下，机器学习在其他领域的问题就很容易解决，例如，使用 OpenCV 或 Keras 等工具在几个小时内就可以实现计算机视觉。要在预测性维护方面取得成功，首先需要有适当的传感器。2.2 节实用案例"数据采集设计"可部署适当的传感器；2.4 节实用案例"探索性因子分析法"可以确定数据存储的层次（cadence）。实施预测性维护最大的障碍之一是要有数量足够的设备故障，对于结实耐用的工业设备来说，这可能需要花费很长的时间。并且，将维修记录与设备遥测数据建立起联系非常关键。

尽管面临的挑战巨大，但回报也是很丰厚的。如果预测性维护实施得当，可以确保关键设备可靠运行甚至挽救无数的生命。由于可以帮助企业减少停机时间，因此与市面上类似的产品对比，还能提高客户的忠诚度。最后，通过为设备维修人员提供他们所需的信息，还可以降低维修成本并提高效率。这样，维修人员可以更好地诊断设备故障，并在维修设备时手头有合适的备件。

本章将继续使用 NASA Turbofan 数据集进行预测性维护，并涵盖以下实用案例。
- 使用特征工程增强数据；
- 使用 Keras 进行故障检测；
- 实施 LSTM 来预测设备故障；
- 将模型部署到 Web 服务。

4.1 使用特征工程增强数据

在改进模型方面，特征工程是最充分地利用时间序列的方法之一。IoT 的生态系统中有很多工具可以让这项工作变得更简单。例如，通过数字孪生（digital twin）、图框（graph frame）以及 GraphX 对设备进行地理上的连接或分层连接，并添加如故障设备满足程度（degree of contentedness）等特征。窗口化（windowing）可以显示当前数据在一段时间内的差异。Kafka 等流工具（streaming tool）可以组合不同来源的数据流。与安装在建筑物内的温湿度可控的机器相比，安装于户外的机器更容易受到高温或潮湿的影响。

本实用案例将通过研究时间序列数据的时间差（delta）、周期性（seasonality）和窗口化来增强数据。对于数据科学家来说，特征工程是最有价值的利用时间的工具之一。通过将数据分割成有意义的特征，从而大大增加模型的准确率。

4.1.1 预备工作

第 3 章的实用案例使用 XGBoost 预测一台机器是否需要维护，其中导入了数据集 NASA Turbofan engine degradation simulation，该数据集可以扫描二维码从网站获取。本章中继续使用该数据集。

接下来首先将 NumPy、Pandas、Matplotlib 和 Seaborn 导入 Databricks。

4.1.2 操作步骤

本实用案例的步骤如下。

（1）导入所需的库。其中 pyspark.sql、NumPy 以及 Pandas 用于数据处理，Matplotlib 和 Seaborn 用于可视化：

```
from pyspark.sql import functions as F
from pyspark.sql.window import Window
import pandas as pd
import numpy as np np.random.seed(1385)
import matplotlib as mpl
import matplotlib.pyplot as plt
import seaborn as sns
```

（2）导入数据并对其应用一种模式（schema），以便数据类型可被正确使用。通过向导将数据文件导入，并应用模式：

```
file_location = "/FileStore/tables/train_FD001.txt"
file_type = "csv"
from pyspark.sql.types import *
schema = StructType([
StructField("engine_id", IntegerType()),
StructField("cycle", IntegerType()),
StructField("setting1", DoubleType()),
StructField("setting2", DoubleType()),
StructField("setting3", DoubleType()),
StructField("s1", DoubleType()),
StructField("s2", DoubleType()),
StructField("s3", DoubleType()),
StructField("s4", DoubleType()),
StructField("s5", DoubleType()),
```

```
StructField("s6", DoubleType()),
StructField("s7", DoubleType()),
StructField("s8", DoubleType()),
StructField("s9", DoubleType()),
StructField("s10", DoubleType()),
StructField("s11", DoubleType()),
StructField("s12", DoubleType()),
StructField("s13", DoubleType()),
StructField("s14", DoubleType()),
StructField("s15", DoubleType()),
StructField("s16", DoubleType()),
StructField("s17", IntegerType()),
StructField("s18", IntegerType()),
StructField("s19", DoubleType()),
StructField("s20", DoubleType()),
StructField("s21", DoubleType())
])
```

（3）将其放入 Spark DataFrame 中：

```
df = spark.read.option("delimiter"," ").csv(file_location,
                                            schema = schema,
                                            header = False)
```

（4）创建一个临时视图，以便运行 Spark SQL 作业：

```
df.createOrReplaceTempView("raw_engine")
```

（5）计算剩余使用寿命（**Remaining Useful Life，RUL**）。使用 SQL magics，从刚刚创建的 raw_engine 临时视图中创建一个名为 engine 的表。使用 SQL 计算 RUL：

```
% sql
drop table if exists engine;
create table engine as
(select e.*
,mc - e.cycle as rul
, CASE WHEN mc - e.cycle < 14 THEN 1 ELSE 0 END as needs_maintenance
from raw_engine e
join (select max(cycle) mc, engine_id from raw_engine group by engine_id) m
on e.engine_id = m.engine_id)
```

（6）将数据导入 Spark DataFrame：

```
df = spark.sql("select * from engine")
```

(7) 计算**变化率**(**Rate Of Change**, **ROC**)。在 ROC 计算中，要看的是基于当前记录与前一条记录的 ROC。ROC 计算得到的是当前周期与前一个周期之间的变化百分比：

```
my_window = Window.partitionBy('engine_id').orderBy("cycle")
df = df.withColumn("roc_s9",
                   ((F.lag(df.s9).over(my_window)/df.s9) - 1) * 100)
df = df.withColumn("roc_s20",
                   ((F.lag(df.s20).over(my_window)/df.s20) - 1) * 100)
df = df.withColumn("roc_s2",
                   ((F.lag(df.s2).over(my_window)/df.s2) - 1) * 100)
df = df.withColumn("roc_s14",
                   ((F.lag(df.s14).over(my_window)/df.s14) - 1) * 100)
```

(8) 审查静态列。将 Spark DataFrame 转换为 Pandas，以便于查看数据的汇总统计，例如平均四分位数(quantile)和标准差：

```
pdf = df.toPandas() pdf.describe().transpose()
```

输出结果如图 4-1 所示。

	count	mean	std	min	25%	50%	75%	max
engine_id	20631.0	51.506568	2.922763e+01	1.000000	26.000000	52.000000	77.000000	100.000000
cycle	20631.0	108.807862	6.888099e+01	1.000000	52.000000	104.000000	156.000000	362.000000
setting1	20631.0	-0.000009	2.187313e-03	-0.008700	-0.001500	0.000000	0.001500	0.008700
setting2	20631.0	0.000002	2.930621e-04	-0.000600	-0.000200	-0.000000	0.000300	0.000600
setting3	20631.0	100.000000	0.000000e+00	100.000000	100.000000	100.000000	100.000000	100.000000
s1	20631.0	518.670000	0.000000e+00	518.670000	518.670000	518.670000	518.670000	518.670000
s2	20631.0	642.680934	5.000533e-01	641.210000	642.325000	642.640000	643.000000	644.530000
s3	20631.0	1590.523179	6.131150e+00	1571.040000	1586.260000	1590.100000	1594.380000	1616.910000
s4	20631.0	1408.933782	9.000605e+00	1382.250000	1402.360000	1408.040000	1414.555000	1441.490000
s5	20631.0	14.620000	1.776400e-15	14.620000	14.620000	14.620000	14.620000	14.620000
s6	20631.0	21.609803	1.388985e-03	21.600000	21.610000	21.610000	21.610000	21.610000
s7	20631.0	553.367711	8.850923e-01	549.850000	552.810000	553.440000	554.010000	556.060000

图 4-1　数据汇总统计

(9) 舍弃本例中无用的列。例如，剔除 settings3 和 s1 对应的列，因为这些列的值从未改变：

```
columns_to_drop = ['s1', 's5', 's10', 's16', 's18', 's19',
                   'op_setting3', 'setting3']
df = df.drop( * columns_to_drop)
```

(10) 审查数值之间的相关性，要寻找的是其值完全相同的列。首先，在 DataFrame 上执行一个相关函数(correlation function)，使用命令 np.zeros_like 完成"mask the upper triangle"(上三角形遮挡)并设置图的大小，然后使用命令 diverging_palette 定义一个定制彩色图(custom color map)，最后使用 heatmap 函数绘制热图：

```
corr = pdf.corr().round(1)
mask = np.zeros_like(corr,dtype = np.bool)
mask[np.triu_indices_from(mask)] = True
f, ax = plt.subplots(figsize = (20, 20))
cmap = sns.diverging_palette(220, 10, as_cmap = True)
sns.heatmap(corr, mask = mask, cmap = cmap, vmin = -1, vmax = 1, center = 0,
            square = True,linewidths = .5,cbar_kws = {"shrink":.5},
            annot = True)
display(plt.tight_layout())
```

绘制的热图如图 4-2 所示，其中给出了高度关联的数值。数值为 1 表明数据是完全相关的，因此在分析时可以剔除。

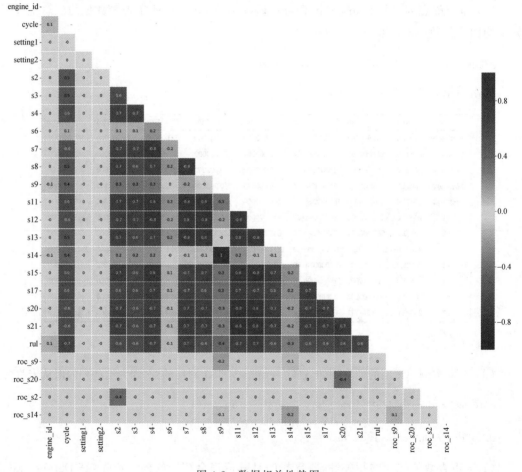

图 4-2　数据相关性热图

（11）剔除列相似的行。例如 S14 与 S9 的完全相同，将其剔除：

```
columns_to_drop = ['s14']
```

```
df = df.drop(*columns_to_drop)
```

(12) 获取 DataFrame 并直观地表示它。直方图或分布表用于显示数据的潜在问题,如离群值(outlier)、倾斜数据(skew data)、随机数据(random data)以及不会影响模型的数据:

```
pdf = df.toPandas()
plt.figure(figsize = (16, 8))
plt.title('Example temperature sensor', fontsize = 16)
plt.xlabel('# Cycles', fontsize = 16)
plt.ylabel('Degrees', fontsize = 16)
plt.xticks(fontsize = 16)
plt.yticks(fontsize = 16)
pdf.hist(bins = 50, figsize = (18,16))
display(plt.show())
```

图 4-3 所示的直方图截图就是计算结果。

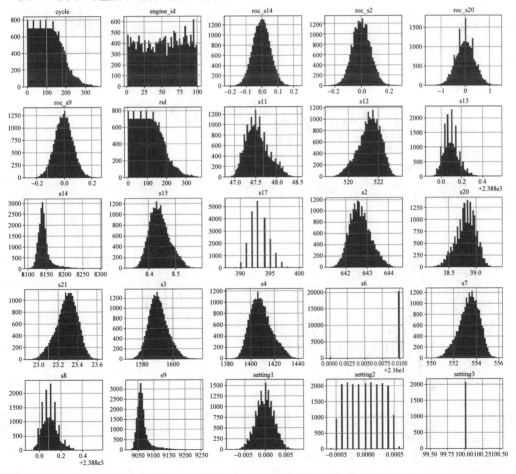

图 4-3　直方图截图

（13）审查模型的噪声，以确保它不会受到波动的过度影响，结果如图 4-4 所示：

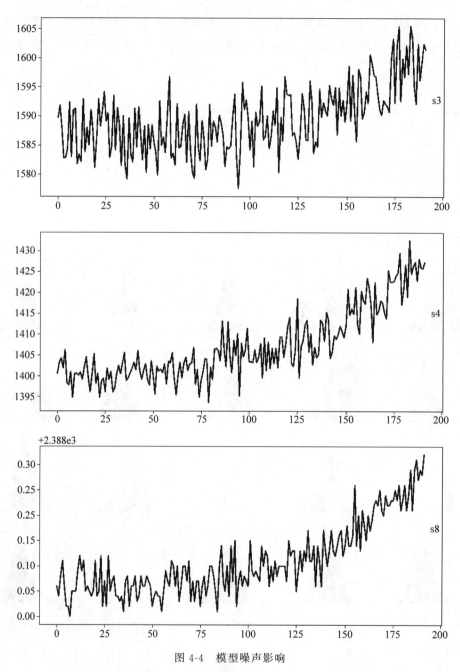

图 4-4　模型噪声影响

```
values = pdf[pdf.engine_id == 1].values
groups = [5, 6, 7, 8, 9, 10, 11, 12, 13]
i = 1
```

```
plt.figure(figsize = (10,20))
For group in groups:
    plt.subplot(len(groups), 1, i)
    plt.plot(values[:, group])
    plt.title(pdf.columns[group], y = 0.5, loc = 'right')
    i += 1
display(plt.show())
```

(14)基于以上步骤,数据显然是有噪声的,这可能会导致错误的结果。滚动平均(rolling average)可用于平滑数据。使用 7 个周期的滚动平均值对数据进行去噪处理:

```
w = (Window.partitionBy('engine_id').orderBy("cycle")\
    .rangeBetween(-7,0))
df = df.withColumn('rolling_average_s2', F.avg("s2").over(w))
df = df.withColumn('rolling_average_s3', F.avg("s3").over(w))
df = df.withColumn('rolling_average_s4', F.avg("s4").over(w))
df = df.withColumn('rolling_average_s7', F.avg("s7").over(w))
df = df.withColumn('rolling_average_s8', F.avg("s8").over(w))

pdf = df.toPandas()
values = pdf[pdf.engine_id == 1].values
groups = [5, 25, 6, 26, 8, 27]
i = 1
plt.figure(figsize = (10,20))
for group in groups:
    plt.subplot(len(groups), 1, i)
    plt.plot(values[:, group])
    plt.title(pdf.columns[group], y = 0.5, loc = 'right')
    i += 1
display(plt.show())
```

如图 4-5 所示的结果是 rolling_average_s4 与 s4 的对比。

(15)为方便这些数据可以被其他 notebook 访问,可以将其保存为一个 ML ready 表:

```
df.write.mode("overwrite").saveAsTable("engine_ml_ready")
```

4.1.3 工作机理

本实用案例利用特征工程处理使数据更容易被 ML 算法所使用,主要的处理包括剔除无变化的列以及高相关度的列,并对数据集进行去噪处理。在步骤 8 中剔除了无变化的列。该方法以几种不同的方式对数据进行了描述。通过对图表的审视可以发现许多变量根本没有发生变化。接着使用热图找出产生了相同数据的传感器。最后采用滚动平均法将原始数据集的数据平滑成一个新的数据集。

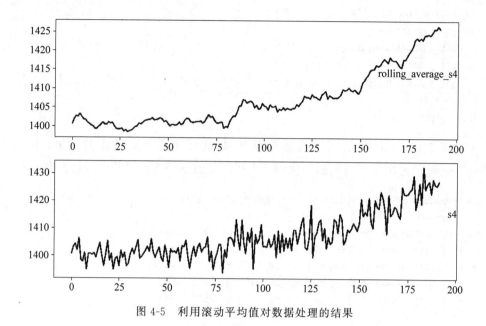

图 4-5　利用滚动平均值对数据处理的结果

4.1.4　补充说明

截至目前，还只是研究了如何训练数据，接下来还需要研究如何测试数据。测试数据集和 RUL 数据集可以帮助我们测试模型。要导入这些数据，还需要运行两个额外的导入步骤。

（1）**导入测试数据**。依据训练集的模式，导入测试集并将其放在名为 engine_test 的表中：

```
# File location and type
file_location = "/FileStore/tables/test_FD001.txt"
df = spark.read.option("delimiter"," ").csv(file_location,
                                            schema = schema,
                                            header = False)
df.write.mode("overwrite").saveAsTable("engine_test")
```

（2）**导入 RUL 数据集**。导入剩余使用寿命数据集，也将其保存到一个表中：

```
file_location = "/FileStore/tables/RUL_FD001.txt"
RULschema = StructType([StructField("RUL", IntegerType())])
df = spark.read.option("delimiter"," ").csv(file_location,
                                            schema = RULschema,
                                            header = False)
df.write.mode("overwrite").saveAsTable("engine_RUL")
```

4.2 使用 Keras 进行故障检测[①]

预测性维护的一种策略是检查给定记录的设备故障(device failure)模式。本实用案例将对设备发生故障前表现出的模式数据进行分类。

此案例使用的框架为 Keras，它是一个相当强大的机器学习库。Keras 剥离了 TensorFlow 和 PyTorch 的复杂性。对于机器学习的初学者来说，Keras 易于上手，且其中的概念可以方便地转移到 TensorFlow 和 PyTorch 等其他的机器学习库。

4.2.1 预备工作

本实用案例扩展了 4.1 节实用案例中已经进行过特征工程处理的预测性维护数据集。若尚未完成 4.1 节的实用案例，还需要将 Keras、TensorFlow、Sklearn、Pandas 和 NumPy 库导入 Databricks cluster。

4.2.2 操作步骤

本实用案例的操作步骤如下。

(1) 导入所需的库。导入 Pandas、pyspark.sql 以及 NumPy 用于数据处理，导入 Keras 用于机器学习，导入 Sklearn 用于评估模型。在评估模型后，使用 io、pickle 和 mlflow 保存模型和结果，以便与其他模型进行比较评估：

```
from pyspark.sql.functions import *
from pyspark.sql.window import Window

import pandas as pd
import numpy as np
import io
import keras
from sklearn.model_selection import train_test_split
from sklearn.metrics import precision_score
from sklearn.preprocessing import MinMaxScaler

from keras.models import Sequential
from keras.layers import Dense, Activation, LeakyReLU, Dropout
import pickle
import mlflow
```

[①] 译者注：原标题为 Using Keras for fall detection，其中 fall detection 疑为 fail detection 之误。

(2) 导入训练和测试数据。训练数据用于训练模型,而测试数据用于评估模型:

```
X_train = spark.sql("select rolling_average_s2,
                    rolling_average_s3,\rolling_average_s4,
                    rolling_average_s7,
                    rolling_average_s8 from \
                    engine_ml_ready").toPandas()

y_train = spark.sql("select needs_maintenance from \
                    engine_ml_ready").toPandas()

X_test = spark.sql("select rolling_average_s2,rolling_average_s3,
                    rolling_average_s4, rolling_average_s7,
                    rolling_average_s8 from \
                    engine_test_ml_ready").toPandas()

y_test = spark.sql("select needs_maintenance from \
                    engine_test_ml_ready").toPandas()
```

(3) 对数据按比例进行缩放。数据集中的每个传感器都有不同的量程。例如,S1 的最大值是 518,而 S16 的最大值是 0.03。因此,需要将所有的值均转换到[0,1]区间,这样每个指标都可以同等地作用到模型。可以利用 Sklearn 库中的 MinMaxScaler() 函数来调整比例:

```
scaler = MinMaxScaler(feature_range = (0, 1))
X_train.iloc[:,1:6] = scaler.fit_transform(X_train.iloc[:,1:6])
X_test.iloc[:,1:6] = scaler.fit_transform(X_test.iloc[:,1:6])
dim = X_train.shape[1]
```

(4) 第一层为输入层,有 32 个节点,激励函数为 Leaky ReLU,定义了给定输入时的输出节点。为了防止过拟合,在训练时有 25% 的隐含层(hidden layer)和可见层被舍弃:

```
model = Sequential()
model.add(Dense(32, input_dim = dim))
model.add(LeakyReLU())
model.add(Dropout(0.25))
```

(5) 与输入层类似,隐含层也采用 32 个节点作为输入层,而 Leaky ReLU 作为其输出层。同样使用 25% 的舍弃量来防止过拟合:

```
model.add(Dense(32))
model.add(LeakyReLU())
model.add(Dropout(0.25))
```

(6) 添加一个输出层,其输出区间为[0,1]。用激励函数 Sigmoid 预测输出的概率。优化器采用 rmsprop,与损失函数一起帮助优化数据模式,减少错误率:

```
model.add(Dense(1))
model.add(Activation('sigmoid'))
model.compile(optimizer = 'rmsprop', loss = 'binary_crossentropy',
              metrics = ['accuracy'])
```

(7) 模型训练。采用 model.fit() 函数指定训练和测试数据。batch_size 用于设置算法在每次迭代中使用的训练记录的数量。epochs＝5 表示将访问数据集 5 次：

```
model.fit(X_train, y_train, batch_size = 32, epochs = 5,
          verbose = 1, validation_data = (X_test, y_test))
```

(8) 评估结果。使用训练好的模型和 X_test 数据集来得到预测结果（y_pred）。然后，将预测结果与实际结果进行比较，评估其精度：

```
y_pred = model.predict(X_test)
pre_score = precision_score(y_test,y_pred, average = 'micro')
print("Neural Network:",pre_score)
```

(9) 将结果保存到 mlflow。可以将该结果与本书中使用的其他预测性维护 ML 算法进行比较：

```
With mlflow.start_run():
mlflow.set_experiment("/Shared/experiments/Predictive_Maintenance")
    mlflow.log_param("model",'Neural Network')
    mlflow.log_param("Inputactivation",'Leaky ReLU')
    mlflow.log_param("Hiddenactivation",'Leaky ReLU')
    mlflow.log_param("optimizer", 'rmsprop')
    mlflow.log_param("loss",'binary_crossentropy')
    mlflow.log_metric("precision_score", pre_score)
    filename = 'NeuralNet.pickel'
    pickle.dump(model,open(filename,'wb'))
    mlflow.log_artifact(filename)
```

4.2.3 工作机理

神经网络通常要完成以下三项任务。
(1) 导入数据。
(2) 通过训练识别数据的模式。
(3) 预测新数据的输出。

神经网络通过接收数据以训练识别数据的模式，然后用于预测新数据的输出。本实用案例使用前面实用案例中保存的经过去噪（cleaned）和特征处理的数据集。把 X_train 数据集从 spark 数据表中拉入到 Panda DataFrame。DataFrame 中的 X_train 和 y_train 被用于进行训练。X_test 是出现故障的设备的列表，y_test 给出的是这些机器的实时故障。这些数据集被用来训练模型并测试结果。

首先，对输入层来说，数据被送入 32 个输入神经元，神经元通过通道进行连接，每一条通道都被分配了一个数值，称为**权重**（**weight**）。输入乘以相应的权重，其总和作为输入发送给隐含层的神经元。每一个神经元都与一个被称为**偏置**（**bias**）的数值关联，该偏置与输入进行求和然后传递给**激励函数**（**activation function**），激励函数决定了一个神经元是否会被激活。在前两层使用 Leaky ReLU 作为激励函数。**线性整流函数 ReLU**（**Rectified Linear Unit**）是一个流行的激励函数，因为它解决了梯度消失问题。本实用案例使用的是 Leaky ReLU。Leaky ReLU 解决了 ReLU 中大梯度会导致神经元永远不被激发的问题。被激活的神经元将其数据通过通道传递给下一层。这种方法可以将数据在网络中进行传播，被称为**前向传播**（**forward propagation**）。在输出层，这些处于最高层的神经元被激发并决定了输出。

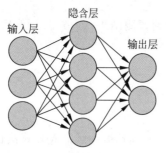

图 4-6　输入层、隐含层和输出层的连接

当首次通过神经网络运行数据时，通常会有很大的误差。误差和优化器函数使用反向传播来更新权重。前向传播和反向传播的循环重复运行，最终实现了较低的错误率。

图 4-6 描述了输入层、隐含层和输出层是如何连接在一起的。

4.2.4　补充说明

本实用案例使用 Leaky ReLU 作为激励函数，rmsprop 作为优化器，binary_crossentropy 作为损失函数，然后将结果保存到 MLflow 中。在本实验中我们可以通过尝试不同的组合，例如改变神经元的数量或层的数量，来调整参数。还可以改变激励函数，例如使用 ReLU 或 TanH。同时可以使用 Adam 作为优化器。将结果保存到 MLflow 中以便于改进模型。

4.3　实施 LSTM 来预测设备故障

循环神经网络（Recurrent Neural Network，RNN）可以预测数据的序列。前面的实用案例只检查一个时间点，以确定设备是否需要维护。正如 4.1 节的实用案例中，在做数据分析时，Turbofan run to failure 数据集是高度可变的，某个时间点的数据表明需要维修，但下一个时间点的数据却表明不需要维修。当需要确定是否派技术人员进行维修时，犹豫不定肯定是不行的。**长短期记忆**（**Long Short Term Memory，LSTM**）**网络**通常用于像 Turbofan run to failure 这样的数据集。

使用 LSTM 时，处理的是一系列类似于窗口化的数据。在本案例中，LSTM 使用规则的序列数据，并基于之前的数据序列帮助判断涡轮风扇发动机是否即将失效。

4.3.1 预备工作

本实用案例使用 NASA Turbofan run to failure 数据集,并使用一个 Databricks Notebook,需要安装的库包括:数据处理需要 NumPy 和 Pandas,创建 LSTM 模型需要 Keras,评估和保存模型结果需要 Sklearn 和 MLflow。

尽管在以前的实用案例中使用窗口化技术对数据进行了预处理,但本实用案例使用的是原始数据。LSTM 对数据进行了窗口化处理,并且还进行了大量的提取和转换,这些是该类型 ML 算法所特有的。

4.3.2 操作步骤

本实用案例的操作步骤如下。

(1) 导入所有后续要用到的库。导入用于数据处理的 Pandas 和 NumPy,用于 ML 模型的 Keras,用于评估的 Sklearn,以及用于存储结果的 Pickel 和 MLflow:

```
import pandas as pd
import numpy as np

import keras
from keras.models import Sequential
from keras.layers import Dense, Dropout, LSTM, Activation
from sklearn import preprocessing

from sklearn.metrics import confusion_matrix, recall_score,
precision_score
import pickle
import mlflow
```

(2) 设置变量。首先设置 2 个循环周期;还需要使用一个序列长度变量,序列长度允许 LSTM 回溯超过 5 个周期,这与第 1 章中讨论的窗口化类似。最后将得到一个数据列的列表:

```
week1 = 7
week2 = 14
sequence_length = 100
sensor_cols = ['s' + str(i) for i in range(1,22)]
sequence_cols = ['setting1', 'setting2', 'setting3', 'cycle_norm']
sequence_cols.extend(sensor_cols)
```

(3) 利用 3.4 节实用案例中创建的 Spark 数据表导入数据。因为需要重新计算标签 (label),所以会舍弃 label 列。导入 3 个 DataFrame:train DataFrame 用于训练模型;test DataFrame 用于测试模型的准确率;truth DataFrame 是 test DataFrame 的实际故障:

```
train = spark.sql("select * fromengine").toPandas()
train.drop(columns = "label", inplace = True)
test = spark.sql("select * from engine_test2").toPandas()
truth = spark.sql("select * from engine_rul").toPandas()
```

(4) 生成设备是否需要进行维护的标签。label1 表示设备将在 14 个周期内失效，label2 表示设备将在 7 个周期内失效。首先，创建 DataFrame，表示基于每个引擎的最大周期数的 RUL。使用 RUL DataFrame 在 train DataFrame 中创建一个 RUL 列。通过从当前周期中减去最大寿命来完成这一工作。然后剔除 max 列，再创建一个新的 label1 列。如果 RUL 小于 14 个周期，label1 的值取 1。然后将其复制到 label2，如果 RUL 小于 1 周，则其值再加 2：

```
rul = pd.DataFrame(train.groupby('engine_id')['cycle']\
                  .max()).reset_index()
rul.columns = ['engine_id', 'max']
train = train.merge(rul, on = ['engine_id'], how = 'left')
train['RUL'] = train['max'] - train['cycle']
train.drop('max', axis = 1, inplace = True)
train['label1'] = np.where(train['RUL'] <= week2, 1, 0)
train['label2'] = train['label1']
train.loc[train['RUL'] <= week1, 'label2'] = 2
```

(5) 除了为训练数据生成标签外，还需要为测试数据生成标签。训练数据和测试数据略有不同。训练数据有一个结束日期，标志着机器何时出现了故障。训练集则没有，但有一个表示机器实际故障时间的 truth DataFrame。为了添加标签列，需要在计算标签之前将测试(test)和实际(truth)数据集组合起来：

```
rul = pd.DataFrame(test.groupby('engine_id')['cycle'].max())\
                  .reset_index()
rul.columns = ['engine_id', 'max']
truth.columns = ['more']
truth['engine_id'] = truth.index + 1
truth['max'] = rul['max'] + truth['more']
truth.drop('more', axis = 1, inplace = True)

test = test.merge(truth, on = ['engine_id'], how = 'left')
test['RUL'] = test['max'] - test['cycle']
test.drop('max', axis = 1, inplace = True)

test['label1'] = np.where(test['RUL'] <= week2, 1, 0)
test['label2'] = test['label1']
test.loc[test['RUL'] <= week1, 'label2'] = 2
```

（6）由于这些列有不同的最大值和最小值，需要对数据进行归一化处理，避免一个变量掩盖（overshadow）了其他变量。为此需要使用 Sklearn 库中的 MinMaxScaler() 函数，该函数可以将数据转换到区间[0,1]。在没有很多离群值时（如本案例），该函数是一个很好用的标度器[①]。对训练集和测试集做同样的归一化处理：

```
train['cycle_norm'] = train['cycle']
cols_normalize =
train.columns.difference(['engine_id','cycle','RUL','label1','label2'])

min_max_scaler = preprocessing.MinMaxScaler()
norm_train = \
pd.DataFrame(min_max_scaler.fit_transform(train[cols_normalize]),
                                columns = cols_normalize,
                                index = train.index)

join = \
train[train.columns.difference(cols_normalize)].join(norm_train)
train = join.reindex(columns = train.columns)

test['cycle_norm'] = test['cycle']
norm_test = \
pd.DataFrame(min_max_scaler.transform(test[cols_normalize]),
                                columns = cols_normalize,
                                index = test.index)
test_join = \
test[test.columns.difference(cols_normalize)].join(norm_test)
test = test_join.reindex(columns = test.columns)
test = test.reset_index(drop = True)
```

（7）Keras 中的 LSTM 算法要求数据必须是一个序列。在变量部分选择 sequence_length＝100，这是实验可以调整的超参数之一。由于这是对连续时间段内的数据进行研究，因此序列长度就是训练模型的数据序列的长度。关于序列的最优长度并没有可用的经验法则（rule of thumb）。但从实践经验来看，序列长度太小准确率会降低。为了辅助生成序列，使用函数以 LSTM 算法所期望的方式返回序列数据：

```
def gen_sequence(id_df, seq_length, seq_cols):
    data_array = id_df[seq_cols].values
    num_elements = data_array.shape[0]
    for start, stop in zip(range(0, num_elements - seq_length),
                          range(seq_length, num_elements)):

        yield data_array[start:stop, :]
```

---

① 译者注：原文为 scalier，应为 scaler。

```
seq_gen = (list(gen_sequence(train[train['engine_id'] == engine_id],
                             sequence_length, sequence_cols)
           for engine_id in train['engine_id'].unique())

seq_array = np.concatenate(list(seq_gen)).astype(np.float32)
```

（8）构建一个神经网络。首先是 LSTM 的第一层，从一个序列模型开始，然后确定输入序列的形状和长度，该单元会给出输出形状的维度，并将其传递到下一层。返回值为 true 或 false。然后，通过 Dropout 为训练过程增加随机性以防止过拟合：

```
nb_features = seq_array.shape[2]
nb_out = label_array.shape[1]

model = Sequential()

model.add(LSTM(input_shape = (sequence_length, nb_features),
               units = 100, return_sequences = True))
model.add(Dropout(0.25))
```

（9）构建神经网络的隐含层。与第一层类似，隐含层也是一个 LSTM 层。但是，此层不把整个序列状态传递给输出，只传递最后一个节点的值：

```
model.add(LSTM(units = 50, return_sequences = False))
model.add(Dropout(0.25))
```

（10）构建神经网络的输出层。输出层指定了输出维度和 activation() 函数。至此就建立了神经网络的形状：

```
model.add(Dense(units = nb_out, activation = 'sigmoid'))
```

（11）运行 compile 方法，对拟训练的模型进行配置。并确定将要评估的指标，这里选择的衡量指标是准确率。然后定义误差或损失的衡量标准，本例中，使用 binary_crossentropy 作为衡量标准。最后，指定优化器，以减少每次迭代的误差：

```
model.compile(loss = 'binary_crossentropy', optimizer = 'adam',
              metrics = ['accuracy'])
print(model.summary())
```

（12）使用 fit() 函数训练模型。其中 epochs 参数表示模型运行次数为 10。由于采用随机 Dropout，因此运行次数多可以提高准确率。本例中的 batch_size 取值为 200，这意味着在更新梯度之前，模型将对 200 个样本数据进行训练。接下来，通过设置 validation_split 将 95% 的数据用于训练模型，5% 用于验证模型。最后，使用 EarlyStopping 回调（callback），在模型准确率不能进一步提高时停止训练：

```
model.fit(seq_array, label_array, epochs = 10, batch_size = 200,
          validation_split = 0.05, verbose = 1,
          callbacks = \
          [keras.callbacks.EarlyStopping(monitor = 'val_loss',
                                         min_delta = 0, patience = 0,
                                         verbose = 0, mode = 'auto')])
```

(13) 基于以上对训练数据的 95%/5% 分割评估模型。对 5% 数据的评估结果，准确率保持在 87%：

```
scores = model.evaluate(seq_array, label_array, verbose = 1,
                        batch_size = 200)
print('Accuracy: {}'.format(scores[1]))
```

(14) 查看误差矩阵，确定发动机是否需要进行维护：

```
y_pred = model.predict_classes(seq_array, verbose = 1, batch_size = 200)
y_true = label_array
print('Confusion matrix\n- x - axis is true labels.\n- y - axis is predicted labels')
cm = confusion_matrix(y_true, y_pred)
cm
```

误差矩阵如表 4-1 所示。

表 4-1 误差矩阵

	实际上不需要进行维护	预测需要进行维护
实际上不需要进行维护	13911	220
实际上需要进行维护	201	1299

(15) 计算精度（precision）和召回率（recall）。因为数据集是不均衡的，不需要进行维护的数值远远大于需要进行维护的数值，所以精度和召回率成为评估算法的最合适的指标：

```
precision = precision_score(y_true, y_pred)
recall = recall_score(y_true, y_pred)
print( 'precision = ', precision, '\n', 'recall = ', recall)
```

(16) 转换数据，使测试数据变成与训练数据同属一个类型的连续数据。为此，需要执行一个与训练数据类似的数据转换步骤：

```
seq_array_test_last = [test[test['engine_id'] == engine_id]\
[sequence_cols].values[ - sequence_length:] for engine_id in \
test['engine_id'].unique() if \
len(test[test['engine_id'] == engine_id]) >= sequence_length]

seq_array_test_last = \
```

```
np.asarray(seq_array_test_last).astype(np.float32)

y_mask = [len(test[test['engine_id'] == engine_id])>= \
         sequence_length for engine_id in\
         test['engine_id'].unique()]

label_array_test_last = \
test.groupby('engine_id')['label1'].nth(-1)[y_mask].values
label_array_test_last = label_array_test_last.reshape(
    label_array_test_last.shape[0],1).astype(np.float32)
```

(17) 对由训练数据集生成的模型和测试数据集之间进行评估，看看该模型预测发动机需要维修的准确度如何：

```
scores_test = model.evaluate(seq_array_test_last,
                             label_array_test_last, verbose = 2)
print('Accuracy:{}'.format(scores_test[1]))
y_pred_test = model.predict_classes(seq_array_test_last)
y_true_test = label_array_test_last
print('Confusion matrix\n- x-axis is true labels.\n- y-axis is
predicted labels')
cm = confusion_matrix(y_true_test, y_pred_test)
print(cm)

pre_score = precision_score(y_true_test, y_pred_test)
recall_test = recall_score(y_true_test, y_pred_test)
f1_test = 2 * (pre_score * recall_test) / (pre_score + recall_test)
print('Precision: ', pre_score, '\n', 'Recall: ', recall_test,
      '\n', 'F1-score:', f1_test )
```

(18) 将结果与模型一起存储在 MLflow 数据库中：

```
With mlflow.start_run():
mlflow.set_experiment("/Shared/experiments/Predictive_Maintenance")
    mlflow.log_param("type", 'LSTM')
    mlflow.log_metric("precision_score", pre_score)
    filename = 'model.sav'
    pickle.dump(model, open(filename, 'wb'))
    mlflow.log_artifact(filename)
```

4.3.3 工作机理

LSTM 是一类特殊的 RNN。RNN 是一种通过将序列保存在内存中进行序列数据处理的神经网络架构；相反，典型的前馈神经网络不保留序列信息，也不允许灵活的输入和输出。递归神经网络（recursive neural network）使用递归法将输出调用回输入，从而产生一个序列，它在任何时候都可以传递神经网络状态的副本。本例中使用的是两层递归神经网络，增加的一层有助于提高准确率。

LSTM 解决了 vanilla 递归神经网络中的一个问题，即剔除数据以解决梯度消失问题。梯度消失问题是指神经网络在未达到准确率的情况下即提前停止了训练。通过剔除数据，可以帮助解决这一问题，LSTM 通过使用门控函数（gating function）实现了这一点。

4.4 将模型部署到 Web 服务

模型的部署因设备能力大小而有所不同。具有额外计算能力的设备可以允许机器学习模型直接在设备端运行，而其他的设备则不能直接运行。本例中，我们将把模型部署到一个简单的 Web 服务中。通过现代云 Web 应用小程序 App 或 Kubernetes，这些 Web 服务可以进行扩展以满足设备群（fleet of device）的需求。第 5 章将展示如何在设备端运行该模型。

4.4.1 预备工作

到目前为止，基于 NASA Turbofan run to failure 数据集，本书已经研究了三种不同的解决预测性维护问题的机器学习算法，结果都记录在 MLflow 中。从中可以看到，XGBoost notebook 的性能优于更复杂的神经网络。图 4-7 展示了 MLflow 的结果集，给出了相关的参数以及评价指标。

Source	Versi...	Tags	Parameters	Metrics
Predic...			type: XGBoost	▼precision_score: 0.972082202404...
Deep ...			type: LSTM	▼precision_score: 0.888888888888...
Deep ...			type: LSTM	▼precision_score: 0.888888888888...
Deep ...			type: LSTM	▼precision_score: 0.875

图 4-7　MLflow 的结果集截图

采用支持服务可移植的 Python Flask Web 服务和 Docker 可以下载这些模型并将其应用在 Web 服务中。在开始之前，输入 pip install 命令安装 Python 的 Flask 包。同时在本地计算机上安装 Docker。Docker 是一个可以帮助建立复杂部署的工具。

4.4.2 操作步骤

在本项目中，需要创建 3 个用于测试预测器（predictor）Web 服务的文件，以及一个可直接作为产品发布的文件。首先为 Web 服务器创建 app.py；为依赖项（dependencies）创建 requirements.txt；第三个文件是从 MLflow 下载的 XGBoost 模型。这些文件将可以帮助测试 Web 服务。为了发布该产品,需要对该应用程序进行 dockerize,然后就可以将其部署到基于云端的 Web 应用或 Kubernetes services 等服务中。这些服务很容易进行扩展,使新的 IoT 设备无缝接入,最后,执行以下步骤。

(1) app.py 文件是 Flask 应用程序。为 Web 服务导入 Flask,为将模型读入内存导入 OS 和 Pickle,为数据操作导入 Pandas,为运行模型导入 XGBoost:

```
from flask import Flask, request, jsonify
import os
import pickle
import pandas as pd
import xgboost as xgb
```

(2) 初始化变量。通过将 Flask 应用程序和 XGBoost 模型加载到函数外的内存中,以确保它只加载一次,而不需要每次调用 Web 服务时都得加载。这样做可以大大提高 Web 服务的速度和效率。使用 Pickle 来 re-hydrate 模型。Pickle 几乎可以接受任何 Python 对象并将其写入磁盘。在本例中,也可以从磁盘中读取并将其写回到内存中:

```
application = Flask(__name__)
model_filename = os.path.join(os.getcwd(), 'bst.sav')
loaded_model = pickle.load(open(model_filename, "rb"))
```

(3) 创建 @application.route 提供一个 http 端点(endpoint)。POST 方法部分指定了它只接受 post web 请求。还需指定该 URL 将路由到 /predict。例如,在本地运行时,可以使用 http://localhost:8000/precict URL 发布(post)JSON 字符串。然后将其转换成 Pandas DataFrame,这样,XGBoost 数据矩阵就变成了调用函数 predict(),判断它是否高于 0.5,并返回结果:

```
@application.route('/predict', methods=['POST'])
def predict():
    x_test = pd.DataFrame(request.json)
    y_pred = loaded_model.predict(xgb.DMatrix(x_test))
    y_pred[y_pred > 0.5] = 1
    y_pred[y_pred <= 0.5] = 0
    return int(y_pred[0])
```

(4) 任何 Flask 应用小程序 App 要做的最后一件事都是调用 application.run 方法,该方法可以指定一个主机(host)。本例指定了一个特殊的主机 0.0.0.0,通知 Flask 接收来自其他计算机的请求。接下来指定一个端口,该端口可以是任何数字。但是,它需要与 Docker 文件中的端口相匹配:

```
if __name__ == '__main__':
    application.run(host='0.0.0.0', port=8000)
```

（5）创建一个需求（requirements）文件。requirements.txt 文件将为该项目安装所有的 Python 依赖项，Docker 将使用该文件安装依赖项：

```
flask
pandas
Xgboost
pickle-mixin
gunicorn
```

（6）创建 DockerFile。该 Docker 文件允许将预测器部署到网络端点。Docker 文件的第一行将从 Docker Hub 导入官方的 Python 3.7.5 镜像。接下来，将本地文件夹复制到 Docker 中一个名为 app 的新文件夹中。将工作目录设置为 app 文件夹，然后使用 pip install 命令安装在步骤（5）中创建的需求文件。然后暴露（expose）8000 端口。最后，运行 gunicorn 命令，启动 Gunicorn 服务器：

```
FROM python:3.7.5
ADD . /app
WORKDIR /app
RUN pip install -r requirements.txt
EXPOSE 8000
CMD ["gunicorn", "-b", "0.0.0.0:8000", "app"]
```

4.4.3　工作机理

Flask 是一个轻量级的 Web 服务器。使用 Pickle 将保存在磁盘上的模型导入，使模型 rehydrate，然后创建一个 http 端点进行调用。

4.4.4　补充说明

现代基于云端的 Web 应用，如 **Azure Web Apps**，可以自动发布新的 Docker 镜像。还有大量的 DevOps 工具可以推送镜像，并在用 Docker 容器实例（container instance）或 Kubernetes 等 Docker orchestration 工具进行部署之前，运行它们并通过各种测试。但要做到这一点，必须先将它们放入容器注册表，如 **Azure Container Registry** 或 **Docker Hub**。并且还需要执行以下几个步骤。

（1）构造容器。找到包含 Docker 文件的文件夹并运行 docker build。使用 -t 命令将其标记为 ch4，然后，指定 Docker 文件位于带有句点"."的本地文件夹中：

```
docker build -t ch4
```

（2）运行容器以确保可以正常工作。现在已经构建了一个 Docker 图像，用 docker run 命令运行基于该镜像的容器。使用 -it 交互式命令，可以查看服务器的任何输出。使用 -p

或 port 命令将 Docker 的内部端口 8000 映射到外部端口 8000：

```
docker run -it -p 8000:8000 ch4
```

（3）把 Docker 放到可以被计算资源访问的地方。为此，首先要注册一个 Docker Registry 服务，如 Docker Hub 或 Azure Container Registry。然后创建一个新的资源库（repository）。资源库的供应商会提供访问的路径。

（4）登录容器注册表服务，标记容器，并推送 Docker。切记要用注册表服务提供的名称或路径替换[Your container path]：

```
docker login
docker tag ch4 [Your container path]:v1
docker push [Your container path]:v1
```

可以使用支持 Docker 的云技术将该预测器服务进行推送并发布。然后，设备可以将其传感器数据发送到 Web 服务，并通过接收云端到设备端的消息判断设备是否需要进行维护。

第 5 章 异 常 检 测

设备预测的/预设的(predictive/prescriptive)AI 生命周期从数据采集设计开始算起[①]。数据要先经过诸如相关性和方差等因素的分析，才可以开始制造该设备。除了实验用的少量样机外，一般来说设备不会出现故障，也就不能作为机器学习模型了。大多数生产商依据设备的工作周期(duty cycle)来判断一台设备的状态好坏。设备的工作周期取决于设备运行时是否过热，或者是否触发了传感器的报警值。如果是，相应的数据就需要立即进行更深入的分析。对一个分析师来说，数据量之大可能令人望而生畏。分析师需要检视数以百万计的记录，这就像人们常说的大海捞针一样。分析师提早介入(analyst-in-the-middle)并使用异常检测技术可以有效地辅助发现设备的故障。异常检测是通过统计的、无监督或有监督的机器学习技术实现的。换句话说，通常情况下，分析师首先查看单个数据点，被检查的数据点通常为尖峰或低谷。然后，将多个数据点导入一个对数据进行聚类的无监督学习模型中，帮助数据科学家发现一组数值或模式何时出现了异常。最后，在掌握足够多的设备故障后，分析师就可以使用同样的机器学习方法应用于预测性维护了。一些机器学习算法，如孤立森林(isolated forest)，更适用于异常检测，但其原理其实是一样的。

异常检测可以在为有监督学习采集到足够的数据之前进行，也可以成为持续监控解决方案的一部分。例如，异常检测可以应用于不同工厂的生产故障报警。当电气工程师将设备的物理设计交给工厂时，需要对**物料清单(Bill Of Material，BOM)**进行优化。简而言之，他们要将设计方案转换为生产组装更方便的或是更具成本效益的。大多数硬件设备的使用周期为十年。在此期间，设备的零部件可能已无法及时获得，这就意味着需要对 BOM 进行修改。同样，供货商的变更也会要求原设计的改变，因为要进行相应的 BOM 优化。异常检测可以帮助确定设备群中突发的新情况。

异常检测的方法很多。3.1 节的实用案例采用了流行的 K-means 异常检测算法确定某种食品的化学特征，这只是异常检测的一种方法。还有许多不同类型的异常检测方法。有些是专门针对某一特定机器，检测其在一段时间内的异常情况。有些异常检测算法使用有

[①] 译者注：原文句首有 diarization，疑为误录入。

监督学习来检测设备处于正常运行还是异常运行。很多设备还会受到当地环境或季节性的影响。本章要讨论的是如何将异常检测部署到边缘端。

本章将涵盖以下实用案例：
- 在 Raspberry Pi 和 Sense HAT 上使用 Z-Spikes；
- 使用自编码器检测标记数据中的异常；
- 对未标记数据集使用孤立森林算法；
- 使用 Luminol 检测时间序列异常；
- 检测受季节性影响的异常；
- 使用流分析法检测峰值；
- 检测边缘设备的异常。

5.1 在 Raspberry Pi 和 Sense HAT 上使用 Z-Spikes

单台设备的数据出现峰值（spike）或突然发生变化可能会触发警报。IoT 设备经常会受到运动或天气的影响，可能是一天中不同的时间段，亦或是一年中不同的季节。一个设备群或许散落在世界各地，试图对整个设备群获得清晰的了解是一个巨大的挑战。采用可以协同处理整个设备群的机器学习算法，使我们能够对每台设备都能单独进行处理。

Z-Spikes 的用例包括电池突然放电或温度突然升高等。人们常用 Z-Spikes 来判断物体是否被推撞或突然开始振动，Z-Spikes 还可用于查看泵是否出现了堵塞。由于 Z-Spikes 在非同源（non-homologous）环境中表现出色，因此通常是边缘部署的最佳选择。

5.1.1 预备工作

本实用案例将在带有 Sense HAT 的 Raspberry Pi 上部署 Z-Spikes。对于 IoT 的初学者来说，此案例中的硬件本身是一些相当常见的开发板和传感器。实际上，初学者甚至可以将代码发送到国际空间站（International Space Station），以便在他们的 Raspberry Pi 和 Sense HAT 上运行。如果手头没有这些装备，在 GitHub 资源库中可以找到替代代码来进行仿真。

Raspberry Pi 接通电源并连接 Sense HAT 后，还需要安装 SciPy。一般来说，Python 中所有的安装都可以通过 pip 命令完成，但本例需要通过 Linux 操作系统进行安装，为此，请在终端窗口运行以下命令：

```
sudo apt update

apt-cache show python3-scipy
sudo apt install -y python3-scipy
```

通过 pip 命令安装 NumPy、Kafka 和 sense_hat。还需要在计算机上搭建 Kafka，1.6 节的实用案例中有详细说明。因为在 Raspberry Pi 上搭建 Kafka 所需的内存太大，所以建议在计算机上进行搭建。

Raspberry Pi 还需要连接到显示器、键盘和鼠标。开发者的工具菜单提供了 Python 编辑器，读者还需要知道提供 Kafka 服务的 IP 地址。

5.1.2　操作步骤

本实用案例的操作步骤如下。

（1）导入库：

```
from scipy import stats
import numpy as np from sense_hat
import SenseHat
import json
from kafka import KafkaProducer
import time
```

（2）等待 Sense HAT 在操作系统注册：

```
time.sleep(60)
```

（3）初始化变量：

```
device = "Pi1"
server = "[the address of the kafka server]:9092"
producer = KafkaProducer(bootstrap_servers = server)
sense = SenseHat()
sense.set_imu_config(False, True, True)
gyro = []
accel = []
```

（4）创建 Z-score() 辅助函数：

```
def zscore(data):
    return np.abs(stats.zscore(np.array(data)))[0]
```

（5）创建一个辅助函数 sendAlert()：

```
def sendAlert(lastestGyro, latestAccel):
    alert = {'Gyro':lastestGyro, 'Accel':latestAccel}
    message = json.dumps(alert)
    producer.send(device + 'alerts', key = bytes("alert",
                                                 encoding = 'utf-8'),
                  value = bytes(message, encoding = 'utf-8'))
```

(6) 创建辅助函数 combined_value():

```
def combined_value(data):
    return float(data['x']) + float(data['y']) + float(data['z'])
```

(7) 运行函数 main():

```
if __name__ == '__main__':
    x = 0
    while True:
        gyro.insert(0,sense.gyro_raw)
        accel.insert(0,sense.accel_raw)
        if x > 1000:
            gyro.pop()
            accel.pop()
        time.sleep(1)
        x = x + 1
        if x > 120:
            if zscore(gyro) > 4 or zscore(accel) > 4:
                sendAlert(gyro[0],accel[0])
```

5.1.3 工作机理

本算法是在检查最后一条记录的值是否超过了前面 1000 条的标准差(σ)的 4 倍。4σ 表示每 15787 条记录中有 1 个异常,或者每 4h 会发生一次异常。如果把它改为 4.5σ,那就意味着每 40h 会发生一次异常。

通过导入 SciPy 进行 Z-score 评估,导入 NumPy 进行数据处理。然后将脚本添加到 Raspberry Pi 的启动程序中,这样只要电源重启,脚本就会自动运行。机器还需要等待外设,例如 Sense HAT 的初始化等。60s 的延迟可以让操作系统在尝试初始化 Sense HAT 之前检测到它。然后对变量进行初始化,这些变量包括设备名称、Kafka 服务器的 IP 地址以及 Sense HAT。然后启用 Sense HAT 的内部测量单元(**Internal Measuring Unit**,**IMU**),禁用罗盘(compass)并启用陀螺仪(gyroscope)和加速度计(accelerometer)。最后,创建两个数组存储数据。

创建一个辅助函数 Z-cores(),可以在其中输入一个数组作为 Z-cores 的返回值。还需要一个可以发送警报的函数。函数 sense.gyro_raw()可以获取最新的陀螺仪和加速度计读数,并存放在 Python 对象中,还可以将其转换为 JSON 格式。创建一个 UTF-8 字节编码的键值,对消息的有效载荷进行编码。

创建一个 Kafka topic 名称,将密钥和消息发送到该 topic。通过 __main__ 查看是否正在命令行解释器(command shell)中运行当前文件。如果是,将计数器 x 设置为 0,开始进行无限循环。随后开始导入陀螺仪和加速度计的数据。检查数组中是否含有 1000 个元素。如果是，删除数组中的最后一个值，以便保持数组的规模。然后，计数器累加，保存 2min 的数据。最后，检查是否超过了数组中 1000 个值的标准差的 4 倍，如果是，就发送警报。

下面的实用案例会创建一个消息发送器和接收器，这是查看设备的一个很好的方法。如果想对整个设备群进行异常检测，还需要创建一个 Kafka producer 消息，以便在循环的每一次迭代中发送数据。

5.2 使用自编码器检测标记数据中的异常

如果手头有标记数据（labeled data），就可以拿来训练模型以检测数据是否异常。例如，通过读取电机的电流就可以发现何时由于滚珠轴承故障或其他硬件故障对电机施加了额外的阻力。在 IoT 中，异常现象可以是事先已知的现象，也可以是从来没有遇到的新情况。顾名思义，所谓自编码器（autoencoder）就是可以将接收的数据进行编码并输出。通过异常检测，可以检视一个模型是否能够确定数据是异常的。本实用案例将用到 Python 对象检测库 pyod。

5.2.1 预备工作

本实用案例将使用由 Sense HAT 的运动传感器采集的数据。本章最后一个实用案例将展示如何生成该数据集。该标记数据集放在了本书配套的代码资源包里。案例中还使用名为 pyod 或 **Python Outlier Detection** 的 Python 离群值检测框架，它封装了 TensorFlow 并执行各种机器学习算法，如自编码器和孤立森林等。

5.2.2 操作步骤

本实用案例的操作步骤如下。

（1）导入库：

```
from pyod.models.auto_encoder import AutoEncoder
from pyod.utils.data import generate_data
from pyod.utils.data import evaluate_print
import numpy as np
import pickle
```

（2）使用 NumPy 数组将文本文件加载到 notebooks：

```
X_train = np.loadtxt('X_train.txt', dtype=float)
y_train = np.loadtxt('y_train.txt', dtype=float)
```

```
X_test = np.loadtxt('X_test.txt', dtype=float)
y_test = np.loadtxt('y_test.txt', dtype=float)
```

（3）使用自编码器算法，将模型与数据集绑定：

```
clf = AutoEncoder(epochs = 30)
clf.fit(X_train)
```

（4）得到预测分数：

```
y_test_pred = clf.predict(X_test) # outlier labels (0 or 1)
y_test_scores = clf.decision_function(X_test) # outlier scores
evaluate_print('AutoEncoder', y_test, y_test_scores)
```

（5）保存模型：

```
pickle.dump( clf, open( "autoencoder.p", "wb" ) )
```

5.2.3 工作机理

首先，导入Python对象检测库pyod。然后导入NumPy用于数据处理。导入Pickle用于保存模型。使用NumPy加载数据。训练模型获得预测分数并保存模型。

自编码器由输入端获取数据，其较小的隐含层可以减少节点的数量，也迫使它降低了维度。自编码器的目标输出就是它的输入，这就能够用机器学习训练一个模型并判断是否发生了异常。通过计算某个值与训练好的模型到底相差多远就可以判断是否发生异常了。图5-1从概念上给出了数据是如何被编码成一组输入的，然后在隐含层中降低其维度，最后数据输出到一个更大的输出集合。

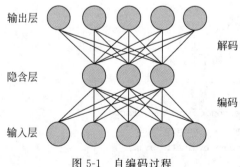

图 5-1　自编码过程

5.2.4 补充说明

模型训练完成后，还需要知道当处于何种级别时需要发送警报。在训练时，通过设置

contamination（代码如下）确定数据中触发警报功能所需的离群值比例：

```
AutoEncoder(epochs = 30, contamination = 0.2)
```

也可以用如下的代码改变 regularizer 的值。regularizer 用于平衡偏差和方差，以防止过拟合或欠拟合：

```
AutoEncoder(epochs = 30, l2_regularizer = 0.2)
```

还可以调整神经元的数量、损失函数或优化器。在数据科学中，这类操作通常被称为超参数（hyperparameter）的改变或调整。调整超参数可以影响成功指标（success metrics），从而改善模型。

5.3 对未标记数据集使用孤立森林算法

孤立森林是一种流行的用于异常检测的机器学习算法，可以帮助处理存在重叠值的复杂数据模型，是一种集成回归（ensemble regression）。它不像其他机器学习算法那样使用聚类或基于距离的算法，而是将离群的数据点与正常数据点分开。它通过建立一棵决策树，并根据数据所在的路径决策树中的节点数遍历来计算分数。换句话说，它通过计算所遍历的节点数量来确定结果。一个模型中训练过的数据越多，孤立森林需要遍历的节点就越多。

与前面的实用案例类似，使用 pyod 轻松地训练模型，此案例使用 GitHub 资源库中的 Sense HAT 数据集。

5.3.1 预备工作

如果已经实现了前面自编码器的实用案例，那么本案例就万事俱备了。本实用案例使用 pyod 作为对象检测库。训练数据集和测试数据集都可在本书 GitHub 资源库中找到。

5.3.2 操作步骤

本实用案例的操作步骤如下。

（1）导入库：

```
from pyod.models.iforest import IForest
from pyod.utils.data import generate_data
from pyod.utils.data import evaluate_print
import numpy as np
import pickle
```

(2) 上传数据：

```
X_train = np.loadtxt('X_train.txt', dtype = float)
y_train = np.loadtxt('y_train.txt', dtype = float)
X_test = np.loadtxt('X_test.txt', dtype = float)
y_test = np.loadtxt('y_test.txt', dtype = float)
```

(3) 训练模型：

```
clf = IForest() clf.fit(X_train)
```

(4) 根据测试数据进行评估：

```
y_test_pred = clf.predict(X_test) # outlier labels (0 or 1)
y_test_scores = clf.decision_function(X_test)
print(y_test_pred)

# evaluate and print the results
print("\nOn Test Data:")
evaluate_print('IForest', y_test, y_test_scores)
```

(5) 保存模型：

```
pickle.dump( clf, open( "IForest.p", "wb" ) )
```

5.3.3 工作机理

首先，导入 pyod，然后导入 NumPy 用于数据处理，导入 Pickle 用于保存模型。接下来，进行孤立森林训练并评估结果。可以得到两种不同的结果：第一种是用 1 或 0 分别表示正常或异常；第二种是给出一个测试分数。最后，保存模型。

孤立森林算法使用基于树的方法对数据进行分割。数据的聚类程度越高，细分程度就越高。孤立森林算法通过计算到达密集分段区所需遍历的分段数量来寻找不属于密集分段区的数据。

5.3.4 补充说明

异常检测是众多分析技术中的一种，在该方法中，可视化技术可以确定需要使用哪个超参数或哪种算法。Scikit-learn 在其网站上给出了相关例子。本书 GitHub 资源库中也有这方面的参考资料。图 5-2 是一个在某玩具数据集上使用多种算法和设置进行异常检测的例子。在异常检测中没有哪种方法是最好的方法，只能说是对当前问题最有效的方法。

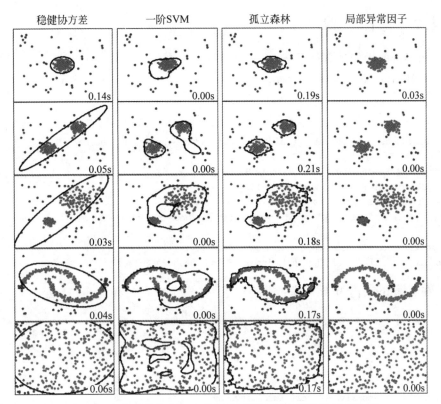

图 5-2 在某玩具数据集上使用多种算法和设置进行异常检测

5.4 使用 Luminol 检测时间序列异常

Luminol 是由 LinkedIn(领英)发布的一种时间序列异常检测算法。它使用位图检查数据集中有多少稳健的检测策略会发生漂移(drift)。该方法属于轻量级,但可以处理大规模的数据。

本案例使用一个来自美国芝加哥市的公开 IoT 数据集。芝加哥市采用 IoT 传感器检测湖泊的水质。在把数据集转换为异常检测所需的正确格式之前,还需要对其进行一些处理,因此将使用 prepdata.py 文件从某个湖泊中提取一个数据点。

5.4.1 预备工作

针对本实用案例,需要从本书 GitHub 资源库中下载 CSV 文件。然后需要安装 Luminol:

```
pip install luminol
```

5.4.2 操作步骤

本实用案例的操作步骤如下。

(1) 采用 prepdata.py 准备数据：

```
import pandas as pd

df = pd.read_csv('Beach_Water_Quality_-_Automated_Sensors.csv', header = 0)

df = df[df['Beach Name'] == 'Rainbow Beach']
df = df[df['Water Temperature'] > -100]
df = df[df['Wave Period'] > -100]
df['Measurement Timestamp'] = pd.to_datetime(df['Measurement Timestamp'])

Turbidity = df[['Measurement Timestamp', 'Turbidity']]
Turbidity.to_csv('Turbidity.csv', index = False, header = False)
```

(2) 在 Luminol.py 中导入库：

```
from luminol.anomaly_detector import AnomalyDetector
import time
```

(3) 进行异常检测：

```
my_detector = AnomalyDetector('Turbidity.csv')
score = my_detector.get_all_scores()
```

(4) 打印异常情况：

```
for (timestamp, value) in score.iteritems():
    t_str = time.strftime('%y-%m-%d %H:%M:%S',
                          time.localtime(timestamp))
    if value > 0:
        print(f'{t_str}, {value}')
```

5.4.3 工作机理

在 dataprep Python 库中，只需要导入 Pandas，就可以得到 CSV 文件并将其转换为 pandas DataFrame。一旦有了 pandas DataFrame，通过 Rainbow Beach 进行过滤（本案例只用到 Rainbow Beach）。剔除异常数据，如水温低于-100℃的数据。把 time 字符串转换为 Pandas 可以读取的字符串，这样做可以确保在需要输出时，输出的是标准的时间序列格式。然后只选择需要分析的两列：Measurement Timestamp 和 Turbidity。最后，将文件保存为 CSV 格式。

创建一个 Luminol 文件，使用 pip 命令安装 luminol 和 time。然后在 CSV 文件上使用异常检测器并返回所有的分数。如果分数项的值大于0,就返回分数。换句话说,只在有异常的情况下才会返回分数。

5.4.4 补充说明

除了异常检测,Luminol还可以进行相关性分析,这可以帮助分析师确定两个时间序列数据集是否相互关联。例如,来自芝加哥市的数据集反映了该市湖泊水质的各方面。可以将湖泊的数据进行对比,看看两个不同的湖泊在同一时间内是否具有相同的效应。

5.5 检测受季节性影响的异常

对于室外设备来说,其温度传感器白天的数据呈现上升趋势。同样,一台室外设备的内部温度在冬季一般会较低。不是所有的设备都会受到季节性的影响,但对那些受此影响的设备来说,选择一个能处理季节性影响的算法是很重要的。根据Twitter数据科学家发表的论文 *Automatic Anomaly Detection in the Cloud Via Statistical Learning*,**Seasonal ESD** 就是一个不管季节怎么变化都能发现异常情况的机器学习算法。

对于本实用案例,将使用芝加哥市的湖水纯度数据集,所以需要导入5.4节实用案例中准备的数据文件。

5.5.1 预备工作

本实用案例中需要 Seasonal ESD 库。可以简单地通过以下 pip 命令进行安装:

```
pip install sesd
```

该数据集可以在本书的 GitHub 资源库中找到。

5.5.2 操作步骤

本实用案例的操作步骤如下。

(1) 导入库:

```
import pandas as pd
import sesd
import numpy as np
```

(2) 导入并处理数据:

```
df = pd.read_csv('Beach_Water_Quality_-_Automated_Sensors.csv',
                 header = 0)
df = df[df['Beach Name'] == 'Rainbow Beach']
```

```
df = df[df['Water Temperature'] > -100]
df = df[df['Wave Period'] > -100]
waveheight = df[['Wave Height']].to_numpy()
```

(3) 进行异常检测:

```
outliers_indices = sesd.seasonal_esd(waveheight, hybrid = True,
                                     max_anomalies = 2)
```

(4) 输出结果:

```
for idx in outliers_indices:
    print("Anomaly index: {}, anomaly value: {}"\
          .format(idx, waveheight[idx]))
```

5.5.3 工作机理

本实用案例中,首先导入 NumPy 和 Pandas 用于数据处理,然后导入异常检测包 sesd。接下来为机器学习准备原始数据,剔除明显有问题的数据(例如那些不能正常工作的传感器),并将数据过滤成一列。最后,把该列数据输入 Seasonal ESD 算法。

与第一个实用案例中的 Z-score 算法类似,本实用案例使用的是在线方法。它使用 **Seasonal and Trend decomposition using Loess**(**STL**)分解方法作为异常检测前的预处理步骤。一个数据源可能会包含有某种趋势或季节性,如图 5-3 所示。

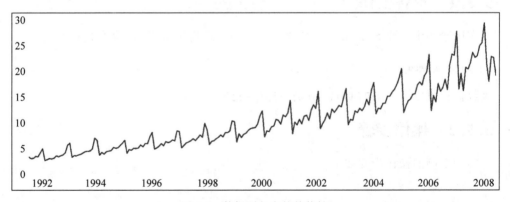

图 5-3　数据源包含的趋势性

通过分解方法可以独立地看待趋势和季节性(如图 5-4 的趋势图所示),这有助于确保数据不受季节性的影响。

Seasonal ESD 算法比 Z-score 算法更复杂。例如,Z-score 算法对安装在户外的设备就可能会发生误报(false positives)。

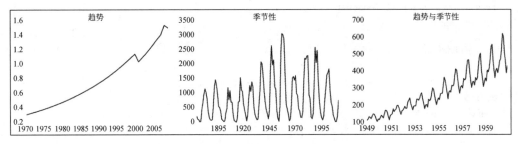

图 5-4 趋势和季节性图

5.6 使用流分析法检测峰值

流分析法（Stream Analytics）是一种使用 SQL 接口将 IoT Hub 与 Azure 内的其他资源连接起来的工具。流分析法将数据从 IoT Hub 转移到 Cosmos DB、storage Blobs、无服务器函数（serverless function）或其他一些可扩展选项。流分析法只有很少的内置函数，可以用 JavaScript 创建更多的自定义函数，异常检测就是其中之一。本案例使用 Raspberry Pi 将陀螺仪和加速度计数据流传到 IoT Hub，然后连接流分析，利用其 SQL 接口，仅输出异常结果。

5.6.1 预备工作

本实验需要 IoT Hub 并需要创建一个流分析作业。要实现这一点，进入 Azure 门户，通过 **Create new resource** 向导创建一个新的流分析作业，此时在 **Overview** 页面上有三个主要组成部分：输入、输出和查询。顾名思义，输入就是要输入的数据流，例如本案例中要输入的是 IoT Hub。要连接到 IoT Hub，单击 **Input** 按钮，选择 IoT Hub 的输入类型，再选择为本实用案例创建的 IoT Hub 实用案例。输出可能是一个类似 Cosmos DB 的数据库，也可能是一个功能应用程序 App，以便你可以通过任何数量的消息传递系统发送警报。为简单起见，本实用案例没有指定输出。出于测试目的，可以在 Stream Analytics 的 Query 编辑器上查看输出。

5.6.2 操作步骤

本实用案例的操作步骤如下。
（1）导入库：

```
# device.py
import time
from azure.iot.device import IoTHubDeviceClient, Message
```

```
from sense_hat import SenseHat
import json
```

（2）声明变量：

```
client = IoTHubDeviceClient.create_from_connection_string("your device key here")
sense = SenseHat()
sense.set_imu_config(True, True, True)
```

（3）获取连接设备的值：

```
def combined_value(data):
    return float(data['x']) + float(data['y']) + float(data['z'])
```

（4）获取和发送数据：

```
while True:
    gyro = combined_value(sense.gyro_raw)
    accel = combined_value(sense.accel_raw)
    msg_txt_formatted = msg.format(gyro = gyro, accel = accel)
    message = Message(msg_txt_formatted)
    client.send_message(message)
    time.sleep(1)
```

（5）创建一个 SQL 查询，使用 AnomalyDetection_SpikeAndDip 算法检测异常情况：

```
SELECT
    EVENTENQUEUEDUTCTIME AS time,
    CAST(gyro AS float) AS gyro,
    AnomalyDetection_SpikeAndDip(CAST(gyro AS float), 95, 120, 'spikesanddips')
        OVER(LIMIT DURATION(second, 120)) AS SpikeAndDipScores
INTO output
FROM tempin
```

5.6.3　工作机理

要在 Raspberry Pi 上导入需要的库，需要先登录 Raspberry Pi 并使用 pip 命令安装 azure-iot-device 和 SenseHat。接下来，在该设备上创建名为 device.py 的文件，并导入 time、Azure IoT Hub、SenseHat 以及 JSON 库。进入 IoT Hub，并通过门户网站创建一台设备，获取连接字符串，在 **Your device key here** 处输入该字符串。初始化 SenseHat，并将内部测量单元设置为 True，初始化传感器。创建一个组合 x、y 和 z 数据的辅助函数。从传感器获取数据，并将其发送到 IoT Hub。最后等待 1s，再次发送该数据。

进入已经设置好的流分析作业，单击 **Edit query**。从这里创建一个公共表表达式 (common table expression)。公共表表达式可以让复杂的查询更加简单。然后在 120s 的时间窗口内，使用内置的峰值和低谷异常检测算法。使用快速编辑器（quick editor）测试数据流中的实时数据，并查看异常检测器给出的异常或非异常的结果分数。

5.7 检测边缘设备的异常

本章最后一个实用案例将在 Raspberry Pi 上使用 SenseHat 采集数据，在本地计算机上训练这些数据，在设备端部署一个机器学习模型。为了避免记录数据出现冗余，需要运行本章前面给出的自编码器或孤立森林的实用案例中的任意一个。

在 IoT 中使用运动传感器可以确保航运集装箱安全地运上船。例如，若能证明某个航运集装箱是在某特定港口掉落的，将会有助于保险索赔。还可以通过检测跌落或工人的不当操作，保障工人的安全。运动传感器还被应用于发生故障时容易产生振动的设备，例如洗衣机、风力涡轮机和水泥搅拌机等。

在数据采集阶段，需要安全地模拟跌落或不当的操作，也可以将传感器装在不平衡的洗衣机上。本书配套代码资源包中的数据包括正常工作的数据以及发生抖动（dancing）的数据，在本案例中，称为 **anomalous**。

5.7.1 预备工作

针对本实用案例，需要一个带有 Sense HAT 的 Raspberry Pi，可以通过启用 SSH 或使用 USB 驱动器从 Raspberry Pi 获取数据。在 Raspberry Pi 上，需要使用 pip 命令安装 sense_hat 和 NumPy。

5.7.2 操作步骤

本实用案例的操作步骤如下。
（1）导入库：

```
#Gather.py

import numpy as np
from sense_hat import SenseHat
import json
import time
```

（2）初始化变量：

```
sense = SenseHat()
sense.set_imu_config(True, True, True)
readings = 1000
gyro,accel = sense.gyro_raw, sense.accel_raw
```

```
actions = ['normal', 'anomolous']
dat = np.array([gyro['x'], gyro['y'], gyro['z'], accel['x'],
                accel['y'], accel['z']])
x = 1
```

(3) 等待用户输入以便启动：

```
for user_input in actions:
    activity = input('Hit enter to record ' + user_input + \
                     ' activity')
```

(4) 采集数据：

```
x = 1
while x < readings:
    x = x + 1
    time.sleep(0.1)
    gyro,accel = sense.gyro_raw, sense.accel_raw
    dat = np.vstack([dat, [[gyro['x'], gyro['y'], gyro['z'],
                    accel['x'], accel['y'], accel['z']]]])
    print(readings - x)
```

(5) 将文件输出至磁盘并进行训练：

```
X_test = np.concatenate((np.full(800,0), np.full(800,1)), axis = 0)
y_test = np.concatenate((np.full(200,0), np.full(200,1)), axis = 0)
X_train = np.concatenate((dat[0:800,:],dat[1000:1800]))
y_train = np.concatenate((dat[800:1000],dat[1800:2000]))

np.savetxt('y_train.txt', y_train,delimiter = ' ', fmt = "%10.8f")
np.savetxt('y_test.txt',y_test, delimiter = ' ',fmt = "%10.8f")
np.savetxt('X_train.txt', X_train,delimiter = ' ', fmt = "%10.8f")
np.savetxt('X_test.txt',X_test, delimiter = ' ',fmt = "%10.8f")
```

(6) 使用移动硬盘将文件从 Raspberry Pi 复制到本地计算机。

(7) 使用孤立森林的实用案例训练一个孤立森林，并输出 pickle 文件。

(8) 将 iforrest.p 文件复制到 Raspberry Pi 上，并创建一个名为 AnomalyDetection.py 的文件，并导入库：

```
# AnomalyDetection.py
import numpy as np
from sense_hat import SenseHat
from pyod.models.iforest import IForest
from pyod.utils.data import generate_data
from pyod.utils.data import evaluate_print
import pickle
sense = SenseHat()
```

（9）加载机器学习文件：

```python
clf = pickle.load( open( "IForrest.p", "rb" ) )
```

（10）创建 LED 的输出：

```python
def transform(arr):
    ret = []
    for z in arr:
        for a in z:
            ret.append(a)
    return ret

O = (10, 10, 10) # Black
X = (255, 0 ,0) # red

alert = transform([
        [X, X, O, O, O, O, X, X],
        [X, X, X, O, O, X, X, X],
        [O, X, X, X, X, X, X, O],
        [O, O, X, X, X, X, O, O],
        [O, O, X, X, X, X, O, O],
        [O, X, X, X, X, X, X, O],
        [X, X, X, O, O, X, X, X],
        [X, X, O, O, O, O, X, X]
])

clear = transform([
        [0, 0, 0, 0, 0, 0, 0, 0],
        [0, 0, 0, 0, 0, 0, 0, 0],
        [0, 0, 0, 0, 0, 0, 0, 0],
        [0, 0, 0, 0, 0, 0, 0, 0],
        [0, 0, 0, 0, 0, 0, 0, 0],
        [0, 0, 0, 0, 0, 0, 0, 0],
        [0, 0, 0, 0, 0, 0, 0, 0],
        [0, 0, 0, 0, 0, 0, 0, 0]
])
```

（11）预测异常情况：

```python
while True:
    dat = np.array([gyro['x'], gyro['y'], gyro['z'], accel['x'],
                    accel['y'], accel['z']])
    pred = clf.predict(dat)
    if pred[0] == 1:
        sense.set_pixels(alert)
    else:
```

```
            sense.set_pixels(clear)
        time.sleep(0.1)
```

5.7.3 工作机理

案例中创建了两个文件：一个用于采集信息（命名为 Gather.py）；另一个用于检测设备的异常情况（命名为 AnomalyDetection.py）。

在 Gather.py 文件中，导入库并初始化 SenseHat，为将采集的读数的数量设置一个变量，获取陀螺仪和加速度计的读数，创建一个常规的匿名字符串数组，并设置陀螺仪和传感器的初始等级值。按照用户的操作循环执行，当用户想要记录正常运行数据（normal greetings）时，提示用户按下 Enter 键；当用户想要记录异常读数时，也提示他们按下 Enter 键。至此就可以采集数据了，同时还可以给用户反馈，让他们知道还需要采集多少个数据点。

以正常使用的方式运行该设备，例如在进行跌落检测时，就要先将其抱紧，然后，在下一个读取异常数据的循环中，抛落该设备。最后，创建用于机器学习模型的训练集和测试集。将数据文件复制到本地计算机中，按照 5.3 节的方式进行分析。最后得到用于 AnomalyDetection.py 文件的 pickle 文件。

创建在 Raspberry Pi 上使用的 AnomalyDetection.py 文件。然后加载 pickle 文件，也就是机器学习模型。从这里开始，要创建 alert 和 clear(not-alert)变量，以便在感应装置上切换 LED 显示。最后，循环运行，如果预测到设备行为异常，就在感应器上显示 alert 信号；否则，就显示 clear 信号。

第 6 章 计算机视觉

近年来,计算机视觉有了长足的发展。与很多其他形式的、需要复杂分析的机器学习算法不同,绝大多数计算机视觉问题处理的仅是简单的 RGB 摄像头。Keras 和 OpenCV 等机器学习框架都内置了标准的、高精度的神经网络。例如,几年前要想实施一个人脸识别神经网络,在 Python 中设置起来既复杂又具有挑战性,更不用说在高速运动的设备端使用 C++ 或 CUDA 来实现了。今天,这个过程比以往任何时候都要简单和容易。本章将讨论如何在云端以及在 NVIDIA Jetson Nano 等边缘设备端实现计算机视觉。

本章将涵盖以下实用案例:
- 通过 OpenCV 连接摄像头;
- 使用微软自定义视觉来训练和标记图像;
- 使用深度神经网络和 Caffe 检测人脸;
- 在 Raspberry Pi 上使用 YOLO 检测物体;
- 在 NVIDIA Jetson Nano 上使用 GPU 检测物体;
- 在 GPU 上使用 PyTorch 训练视觉。

6.1 通过 OpenCV 连接摄像头

通过 OpenCV 连接摄像头是相当简单的。问题往往出在安装 OpenCV 上。在台式计算机上安装 OpenCV 很容易,但在受限的设备端,可能需要一些额外的操作。例如,在 Raspberry Pi 中可能需要启用交换空间(swap space),以便系统使用 SD 卡作为临时存储器。根据设备的不同,可以在网络查找各种关于如何将 OpenCV 安装到具有挑战性的设备端的说明。

本实用案例把 OpenCV 连接到 Raspberry Pi Zero 上的摄像头应用程序,但如果没有该硬件,也可以在计算机上运行代码。后续的实用案例将假定读者已经掌握了相关的背景知识,所以只给出了一些简单的说明。

6.1.1 预备工作

从编码的角度来看,使用 OpenCV 可以将硬件抽象化。无论使用的是 5 美元的 Raspberry Pi Zero 还是 120 美元的 LattePanda,都没有关系。本实用案例中唯一需要的是一台计算机和一个摄像头。大多数笔记本电脑都有内置摄像头,但对于台式计算机或**单板计算机**(**Single Board Computer**,**SBC**),如 Raspberry Pi 或 LattePanda,还需要安装一个 USB 网络摄像头。

下面开始安装 OpenCV。如前所述,有很多方法可以在受限的设备端获取 OpenCV,这些方法都与所用设备息息相关。本实用案例将 PiCam 模块连接到 Raspberry Pi Zero 上,图 6-1 是 PiCam 模块。

要将 PiCam 模块连接到 Raspberry Pi Zero 上,只需将黑色的标签从接口拔出,插入 PiCam 模块,然后再将标签推入,如图 6-2 所示。

图 6-1　PiCam 模块　　　　　图 6-2　将 PiCam 模块连接到 Raspberry Pi Zero

若启用 Raspberry Pi 中的摄像头,需要把显示器、键盘和鼠标插入 Raspberry Pi。然后,执行以下命令,确保使用的系统是最新的:

```
sudo apt-get update
sudo apt-get upgrade
```

进入 **Rasp Config** 菜单,启用摄像头,在终端输入以下内容:

```
sudo raspi-config
```

如图 6-3 所示,选择 **camera** 并启用。

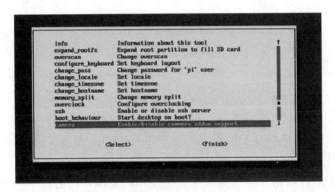

图 6-3 选择 camera 并启用摄像头

通过 pip 命令安装 3 个不同的库：opencv-contrib-python 用于 OpenCV 所有的附加功能；opencv-python 用于更快但更短的功能列表；opencv-cython 用于更快的 Python 体验。对本书来说，建议执行以下命令：

pip install open-contrib-python

6.1.2 操作步骤

本实用案例的操作步骤如下。

（1）导入 OpenCV：

```
import cv2
```

（2）选择摄像头：

```
cap = cv2.VideoCapture(0)
```

（3）检查摄像头是否可用：

```
if not (cap.isOpened()):
    print('Could not open video device')
```

（4）捕捉、保存和显示摄像头的帧：

```
x = 0
while(True):
    ret, frame = cap.read()
    cv2.imshow('preview',frame)
    time.sleep(1)
    cv2.imwrite(f'./images/cap{x}.jpg', frame)
    if cv2.waitKey(1) & 0xFF == ord('q'):
        break
```

(5) 释放摄像头：

```
cap.release()
cv2.destroyAllWindows()
```

6.1.3　工作机理

首先导入 OpenCV，选择找到的第 1 个摄像头 camera(0)，如果想找第 2 个摄像头，可以增加摄像头的编号为 camera(1)。

检查该摄像头是否可用。导致摄像头无法使用的原因可能有以下两种情况。

(1) 摄像头可能已被其他程序打开了。例如，为了检查摄像头是否正在工作，可以在另一个应用程序中打开它，则 Python 应用程序无法检测并连接到该摄像头。

(2) 程序中释放摄像头的代码没有得到执行，摄像头需要被重置。

接下来就可以捕捉视频帧并将其呈现在屏幕上了，直到按下 Q 键为止。最后，在退出应用程序后，释放摄像头并关闭打开的窗口。

6.1.4　补充说明

OpenCV 有许多工具可以将文本写到屏幕上，或在一个已识别的物体周围画出边界框。此外，它还可以对 RGB 图像进行降采样（downsample）或将其变为黑白图像。滤波和降采样都是机器学习工程师为保障受限设备有效运行常采用的技术。

6.2　使用微软自定义视觉来训练和标记图像

微软的认知服务（cognitive service）为训练图像和部署模型需要的所有活动提供了一种一站式的服务。首先，它提供了一种上传图像的方法。然后，它有一个用于在图像周围绘制边界框的 UI，最后，它可以部署和公开一个可用于计算机视觉的 API 端点（endpoint）。

6.2.1　预备工作

要使用微软的自定义视觉服务（Microsoft's custom vision service），需要订阅 Azure。并启动一个新的自定义视觉项目。免费层（free tier）可用于小型模型的测试，付费层（paid tier）可用于大型模型和大规模服务模型。在 Azure 门户中创建了自定义视觉项目之后，可以在资源组中看到两个新项目：第 1 个用于训练，第 2 个用于预测，其名称上附加一个 -prediction 标签。

此外还需要提前准备好拟分类的图像。在本实用案例中，我们将在一个有铅和致癌物的环境中对饮料进行识别。如果已经实现了前面的实用案例，说明你已经有了一个以 1s 的时间间隔捕捉图像的摄像头。要在认知服务中实现一个物体检测模型，每个拟分类物体至少需要 30 张图像。图像数量越多，准确度越高。为了获得更高的准确度，还可以改变光线、背景、角度、大小以及类型，并尽量采用物体单独的或成组的图像。

如果安装 Azure 认知服务里的计算机视觉 Python 包。执行以下命令即可实现：

```
pip3 install azure-cognitiveservices-vision-customvision
```

6.2.2 操作步骤

本实用案例的操作步骤如下。

（1）打开已创建自定义视觉项目的 Azure 门户网站。

（2）采用浏览器导航至 https://customvision.ai，登录 Azure，可以看到 **Projects** 页面。该页面已包含了一些示例项目，可以根据需要创建自己的项目。单击 **New project** 选项，根据 **Create new project** 的向导进行填写。对于本实用案例，输入有关食品和饮料的图像，以便在有关工作场所安全的计算机视觉项目中使用它们。这类计算机视觉可应用于电子产品车间等场合，在这些场景中工人们是在有铅、致癌物等污染物的环境中进餐的。

（3）在项目的主页面上，可以看到 **Tags** 选项。单击 **Untagged** 按钮，如图 6-4 所示，可以看到所有上传的图像。

（4）单击图像，使用工具在图像周围画出一个边界框。此处，可以对要处理的图像画出边界框，并对它们进行标记，如图 6-5 所示。

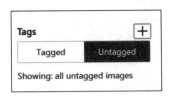

图 6-4　显示上传图像

图 6-5　图像边界框

（5）单击 **Train** 按钮训练模型，如图 6-6 所示。

（6）单击 **Train** 按钮后，将开始训练模型，训练可能需要相当长的时间。完成训练后，单击如图 6-7 所示的 **Prediction URL** 按钮。此时会弹出一个窗口，其中包含了向物体检测服务发送图像所需要的一切。

图 6-6 Train 按钮

图 6-7 Prediction URL 按钮

测试模型的代码如下：

```
import requests
file = open('images/drink1/cap0.jpg', 'rb')
url = 'Your iteration url goes here'
headers = {'Prediction－Key': 'key from the prediction url', \
           'Content－Type':'application/octet－stream'}
files = {'file': file}
r = requests.post(url, data = file, headers = headers)
json_data = r.json()
print(json_data)
```

6.2.3 工作机理

认知服务采用标记过的图像创建一个模型，该模型可以在一个较大的图像中找到相关的标记图像。图像的数量越多，准确度越高，但是准确度会收敛到某一点（或者用外行的话说，不会一直提高）。为了找到该收敛点，需要增加更多的图像并进行标记，直到 **Precision**、**Recall** 和 **mAP** 三个迭代指标没有进一步改善。图 6-8 中的自定义视觉仪表板给出了表示模型准确度的三个因素。

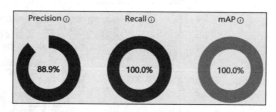

图 6-8 自定义视觉仪表板

6.3 使用深度神经网络和 Caffe 检测人脸

使用 OpenCV 实现视觉神经网络的好处是可以在不同的平台上使用。根据前面章节，已安装了 Python 环境，所以后续继续使用 Python 实现。当然，在 ARM-Cortex M3 上使用 OpenCV 的 C++实现，或者在 Android 系统上使用 OpenCV 的 Java 实现，都可以得到同样的结果。本实用案例使用的人脸检测神经网络采用基于 Caffe 机器学习框架的 OpenCV 实现。本实用案例的输出是计算机上的一个窗口，该窗口呈现的是人脸周围带有边界框的图像。

6.3.1 预备工作

运行本实用案例,需要在设备端安装一个网络摄像头,还需要安装 OpenCV、NumPy 和 Imutils。在非常受限的设备端安装 OpenCV 可能是一个挑战,如果无法在设备端安装 OpenCV,可以尝试采用其他方式。很多有额外存储空间的设备是可以将磁盘作为内存的交换空间的,若设备支持 Docker 化(dockerization),那么可以先在计算机上进行编译,然后在设备端运行容器(container)。本实用案例使用一个已经训练好的模型,该模型可以在本书 GitHub 资源库的 Ch6 文件夹下找到。

6.3.2 操作步骤

本实用案例的操作步骤如下。

(1) 导入库:

```
import cv2
import numpy as np
import imutils
```

(2) 将 GitHub 资源库 Ch6 中训练好的模型导入神经网络,然后初始化 OpenCV 的摄像头:

```
net = cv2.dnn.readNetFromCaffe("deploy.prototxt.txt",
"res10_300x300_ssd_iter_140000.caffemodel")
cap = cv2.VideoCapture(0)
```

(3) 创建一个函数,对图像进行降采样,并将其转换为神经网络预定义的形状(shape),然后进行推理:

```
def FaceNN(frame):
    frame = imutils.resize(frame, width = 300, height = 300)
    (h, w) = frame.shape[:2]
    blob = cv2.dnn.blobFromImage(frame, 1.0, (300, 300),
                                 (103.93, 116.77, 123.68))
    net.setInput(blob)
    detections = net.forward()
```

(4) 绘制边界框:

```
for i in range(0, detections.shape[2]):
    confidence = detections[0, 0, i, 2]
    if confidence < .8:
        continue
    box = detections[0, 0, i, 3:7] * np.array([w, h, w, h])
    (startX, startY, endX, endY) = box.astype("int")
```

```
text = "{:.2f}%".format(confidence * 100)
y = startY - 10 if startY - 10 > 10 else startY + 10
cv2.rectangle(frame, (startX, startY), (endX, endY),
              (0, 0, 300), 2)
cv2.putText(frame, text, (startX, y), cv2.FONT_HERSHEY_SIMPLEX,
            0.45, (0, 0, 300), 2)
```

（5）返回带有边界框的图像：

```
return frame
```

（6）创建一个无限循环，从摄像头中读取图像，执行推理并获得覆盖（overlay）特效，然后将图像输出到屏幕上：

```
while True:
    ret, frame = cap.read()
    image = FaceNN(frame)
    cv2.imshow('frame', image)
    if cv2.waitKey(1) & 0xFF == ord('q'):
        break
```

（7）清理并关闭所有窗口：

```
cap.release()
cv2.destroyAllWindows()
```

6.3.3 工作机理

在导入相关的库后，将已训练好的人脸检测模型导入 net 变量，打开第一个摄像头 camera(0)，采用 FacNN 预测图像并绘制边界框，将图像缩小至适当的尺寸，使用 imutils 调整摄像头中图像的大小，然后设置网络中的图像并进行人脸检测。获得人脸检测结果后，再计算出其确实是人脸的置信度。本实用案例中，阈值取 0.8 或 80%。如果图像的置信度过低，也会将其过滤掉。在人脸周围绘制边界框，并在框内注明置信度。返回到 while True 主循环，并在屏幕上显示这些图像。直到输入 Q 键退出。最后，释放摄像头并关闭 UI 窗口。

6.4 在 Raspberry Pi 上使用 YOLO 检测物体

YOLO（You Only Look Once）是一个快速的图像分类库，为便于 GPU 处理进行了优化。YOLO 的性能比其他所有的计算机视觉库更优。本实用案例使用基于 OpenCV 的 YOLO 实现一个计算机视觉物体检测。本实用案例使用了一个针对 40 个常见物体的已训练好的模型。

6.4.1 预备工作

查看本书提供的配套代码资源包,在 Ch6 文件夹提供了 yolov3.cfg 配置文件和 yolov3.txt 文本文件。下载 weights 文件,该文件较大,可以打开命令窗口,使用 cd 命令切换至 Ch6 文件夹,然后用以下命令下载 weights 文件:

```
wget https://pjreddie.com/media/files/yolov3.weights
```

此外,还需要安装 OpenCV 和 NumPy。

6.4.2 操作步骤

本实用案例的操作步骤如下。

(1) 导入库:

```
import cv2
import numpy as np
```

(2) 设置变量:

```
with open("yolov3.txt", 'r') as f:
    classes = [line.strip() for line in f.readlines()]
colors = np.random.uniform(0, 300, size=(len(classes), 3))
net = cv2.dnn.readNet("yolov3.weights", "yolov3.cfg")
cap = cv2.VideoCapture(0)
scale = 0.00392
conf_threshold = 0.5
nms_threshold = 0.4
```

(3) 定义输出层:

```
def get_output_layers(net):
    layer_names = net.getLayerNames()
    output_layers = [layer_names[i[0] - 1] for i in \
                    net.getUnconnectedOutLayers()]
    return output_layers
```

(4) 创建边界框:

```
def create_bounding_boxes(outs, Width, Height):
    boxes = []
    class_ids = []
    confidences = []
    for out in outs:
        for detection in out:
            scores = detection[5:]
```

```python
                class_id = np.argmax(scores)
                confidence = scores[class_id]
                if confidence > conf_threshold:
                    center_x = int(detection[0] * Width)
                    center_y = int(detection[1] * Height)
                    w = int(detection[2] * Width)
                    h = int(detection[3] * Height)
                    x = center_x - w / 2
                    y = center_y - h / 2
                    class_ids.append(class_id)
                    confidences.append(float(confidence))
                    boxes.append([x, y, w, h])
    return boxes, class_ids, confidences
```

(5) 绘制边框：

```python
def draw_bounding_boxes(img, class_id, confidence, box):
    x = round(box[0])
    y = round(box[1])
    w = round(box[2])
    h = round(box[3])
    x_plus_w = x + w
    y_plus_h = y + h
    label = str(classes[class_id])
    color = colors[class_id]
    cv2.rectangle(img, (x,y), (x_plus_w,y_plus_h), color, 2)
    cv2.putText(img, label, (x-10,y-10), cv2.FONT_HERSHEY_SIMPLEX,
                0.5, color, 2)
```

(6) 处理图像：

```python
def Yolo(image):
    try:
        Width = image.shape[1]
        Height = image.shape[0]
        blob = cv2.dnn.blobFromImage(image, scale, (416,416),
        (0,0,0), True, crop = False)
        net.setInput(blob)
        outs = net.forward(get_output_layers(net))
        boxes, class_ids, confidences = \
            create_bounding_boxes(outs, Width, Height)
        indices = cv2.dnn.NMSBoxes(boxes, confidences,
                        conf_threshold, nms_threshold)

        for i in indices:
            i = i[0]
            box = boxes[i]
```

```
                draw_bounding_boxes(image, class_ids[i],
                                    confidences[i], box)

    except Exception as e:
    print('Failed dnn: ' + str(e))

    return image
```

(7) 读取摄像头:

```
while True:
    ret, frame = cap.read()
    image = Yolo(frame)
    cv2.imshow('frame',image)
    if cv2.waitKey(1) & 0xFF == ord('q'):
        break
```

(8) 清理并关闭所有窗口:

```
cap.release()
cv2.destroyAllWindows()
```

6.4.3 工作机理

YOLO 只查看图像一次,并将其划分为网格。然后,使用边界框来划分网格。YOLO 首先检查边界框内是否包含物体,并确定物体的类别。通过在算法中增加预过滤器,可以把图像中不属于物体的部分筛选出去,YOLO 的搜索速度就能大大加快了。

本实用案例中,在导入相关的库并设置变量后,首先打开 yolov3.txt 文件,该文件中包含了后续将用到的预训练库的类。接下来,创建一个名为 color 的数组,将不同的物体表示为不同的颜色。导入相关的库,并将摄像头设置为计算机上的第一个摄像头。设置阈值并缩放图像,使图像的大小能够被分类器所识别。例如,在处理高分辨率图像时,分类器可能只识别出了很小的东西,而忽略了较大的图像,这是因为 YOLO 是通过确定物体周围的边界框过滤出属于物体的部分。接下来,定义输出层,并根据置信度的阈值创建边界框。使用这些边界框在图像周围画出矩形,并将该图像和标记的文本传回至图像处理器。主图像处理循环调用 Yolo 函数。最后,在释放所有资源之前,通过主循环的运行进行 YOLO 分析。

6.5 在 NVIDIA Jetson Nano 上使用 GPU 检测物体

NVIDIA 公司制造了一系列支持 GPU 的 SBC。其中一些被用在无人机上。例如 TX2,因为其重量很轻,在支持 GPU 的系统下就可以封装更多的电池。GPU 结合**张量处理单元**(**Tensor Processing Unit**,**TPU**)能够提供数倍于标准 CPU 的计算机视觉性能。本实用案例使用的是该公司最便宜的开发板 NVIDIA Jetson Nano,价格约 99 美元。Jetson 拥有仅适用于其自身产品的库生态系统(ecosystem of library)。

6.5.1 预备工作

首先准备一个 NVIDIA Jetson 开发板,然后再安装操作系统。为此,需要用 NVIDIA 的 Jetpack 镜像(image)刷新 micro USB。Jetpack 镜像包括一个基本的 Ubuntu 镜像,其中有许多必备的开发工具。一旦有了操作系统镜像,将 Jetson 与显示器、键盘、鼠标和网络连接起来。

更新操作系统,如下所示:

```
sudo apt-get update
```

然后,安装其他的软件:

```
sudo apt-get install git
sudo apt-get install cmake
sudo apt-get install libpython3-dev
sudo apt-get install python3-numpygpu sbc
```

安装完成后,需要从 Jetson 下载启动项目(starter project):

```
git clone --recursive https://github.com/dusty-nv/jetson-inference
```

创建并切换至 build 文件夹:

```
cd jetson-inference
mkdir build
cd build
```

创建、安装并链接至 GitHub 资源库中的代码:

```
cmake ../
make
sudo make install
sudo ldconfig
```

运行 make 后,终端会弹出一个对话框,如图 6-9 所示。可以从这里下载不同的已训练好的模型以及 PyTorch,以便训练自己的模型。使用向导选择想要下载的模型。

如图 6-10 所示,该向导工具可以协助下载所选择的所有模型。

对于本实用案例,可以保留默认的模型。单击 **OK** 按钮后,会提示安装 PyTorch,以便可以训练自己的模型。

6.5.2 操作步骤

本实用案例的操作步骤如下。

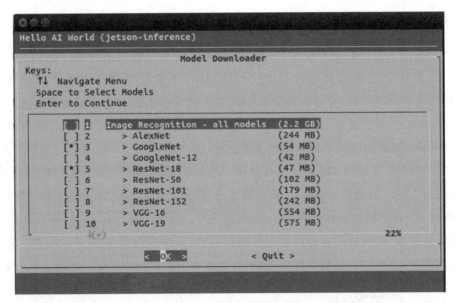

图 6-9 向导工具界面

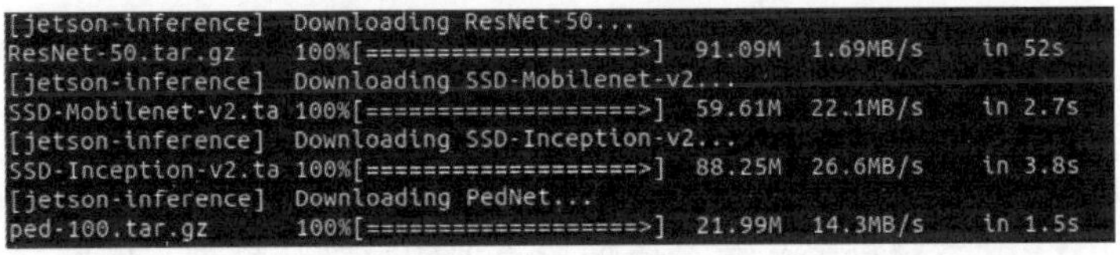

图 6-10 下载模型

(1) 导入 Jetson 库：

```
import jetson.inference
import jetson.utils
```

(2) 设置变量：

```
net = jetson.inference.detectNet("ssd-inception-v2", threshold=0.5)
camera = jetson.utils.gstCamera(1280,720,"/dev/video0")
display = jetson.utils.glDisplay()
```

(3) 运行显示摄像头的循环程序：

```
while display.IsOpen():
    img, width, height = camera.CaptureRGBA()
    detections = net.Detect(img,width,height)
    display.RenderOnce(img,width,height)
```

6.5.3 工作机理

本实用案例中首先添加了相关的库并复制 Jetson 库。然后运行了一系列的 make 和 linker 工具,使安装工作顺利进行。在这个过程中,下载了很多已训练好的模型。由于 Jetson 的算力和内存有限,安装一个全功能的 IDE 可能会造成浪费。解决办法之一是使用支持 SSH 的 IDE,例如通过 IDE 将 Visual Studio Code 远程处理至开发板,就可以在不占用 Jetson Nano 资源的情况下使用该设备了。

为了创建该项目,首先,导入 Jetson 推理库和 utils 库。在 6.4 节的实用案例中,已经做了很多底层的工作,如使用 OpenCV 获取摄像头,然后使用其他库处理图像和绘制边界框。有了 Jetson 库,其中的大部分代码都可以直接调用。当导入相关库后,再导入之前下载的模型,并设置阈值,将阈值输入摄像头的维度参数中,摄像头设置为 /dev/video0。设置视觉显示,抓取摄像头图像,运行检测算法,然后将该摄像头图像与边界框一起输出到屏幕上。

6.5.4 补充说明

如前所述,NVIDIA 为其产品建立了一个生态系统,包括辅助容器、模型和教程等,可以有效地与其硬件一起工作。为了帮助用户,NVIDIA 还开发了产品网站,帮助创建训练模型和构建容器化(containerized)的 notebooks,为不同的库提供了数十个预构建的容器,包括 PyTorch 和 TensorFlow 等,提供了几十个已训练好的模型,从姿势检测到特定行业模型,不一而足。NVIDIA 甚至提供了公有云协助用户训练自己的模型。同时,NVIDIA 也支持产品的本地运行。

6.6 在 GPU 上使用 PyTorch 训练视觉

在 6.5 节的实用案例中,使用 GPU 和 NVIDIA Jetson Nano 实现了一个物体分类器。当然,还有其他类型的可以支持 GPU 的设备。这些设备包括可以安装在无人机上对 pipeline 进行实时分析的 NVIDIA TX2,以及运行 GPU 并使用计算机视觉对工作场所安全进行分析的工业计算机等。本实用案例通过添加自己的图像来训练已有的图像分类模型。

IoT 面临的挑战包括**空中下载技术(Over-The-Air,OTA)**更新以及设备群的管理等。IoT Edge 是解决该类问题的一个概念框架。在 OTA 更新中,Docker 容器被作为一种更新机制。底层系统可以在不必担心设备完全失效的情况下进行更新。如果更新不成功,系统可以回滚(roll back),因为容器故障不会影响主操作系统,Docker 守护进程(daemon)可以执行更新和回滚。

本实用案例使用 NVIDIA Docker 容器构建模型。稍后,将使用该模型进行推理。

6.6.1 预备工作

本实用案例使用的 Docker 应用程序版本应高于 19。在 Docker 19 中,增加了--gpu 标签,允许使用 Docker 从本地访问 GPU。根据所使用的 GPU 实际情况,可能还需要安装附加的驱动程序,以保障 GPU 可以正常运行。

案例中使用了 **Visual Studio Code**(**VS Code**)插件,在插件的帮助下,可以直接在 NVIDIA 的 GPU PyTorch Docker 中编写代码。需要执行的步骤如下。

(1)下载并安装 VS Code,然后使用扩展管理器(extension manager),单击扩展图标添加 **Remote Development Extension Pack**。

(2)选择注册 NVIDIA GPU Cloud,它提供了一个容器和模型的目录。

(3)为 PyTorch 调出 NVIDIA Docker 镜像:

```
docker pull nvcr.io/nvidia/pytorch:20.02-py3
```

(4)在计算机上新建一个可以进行代码映射的文件夹,并在终端窗口切换至新建的文件夹。

(5)运行 Docker:

```
docker run --gpus all -it --rm -v $(pwd):/data/ nvcr.io/nvidia/pytorch:20.02-py3
```

(6)打开 VS Code,单击 ■ 按钮连接到 Docker,在对话框中输入 Remote-Containers:Attach to a running container,随后会显示正在运行的容器的列表,然后打开/data 文件夹。

(7)将图像放至一个数据文件夹中,文件夹的标签为类的名称。本实用案例的 GitHub 资源库中提供了相应的示例。

(8)测试容器,确保容器已经启动并运行,并且所有的驱动程序都已安装。在启动容器的终端窗口中,输入 python,然后执行以下代码:

```python
import torch
print(torch.cuda.is_available())
```

如果执行结果返回的是 True,可以用 GPU 进行训练;否则需要进行故障排除。

6.6.2 操作步骤

本实用案例的操作步骤如下。

(1)导入库:

```python
import numpy as np
import torch
from torch import nn
```

```python
from torch import optim
import torch.nn.functional as F
from torchvision import datasets, transforms, models
from torch.utils.data.sampler import SubsetRandomSampler
```

(2) 声明变量:

```python
datadir = './data/train'
valid_size = .3
epochs = 3
steps = 0
running_loss = 0
print_every = 10
train_losses = []
test_losses = []
```

(3) 生成一个高精度打印机:

```python
def print_score(torch, testloader, inputs, device, model, criterion, labels):
    test_loss = 0
    accuracy = 0
    model.eval()daimen

    with torch.no_grad():
        for inputs, labels in testloader:
            inputs, labels = inputs.to(device), labels.to(device)
            logps = model.forward(inputs)
            batch_loss = criterion(logps, labels)
            test_loss += batch_loss.item()

            ps = torch.exp(logps)
            top_p, top_class = ps.topk(1, dim = 1)
            equals = top_class == labels.view( * top_class.shape)
            accuracy +=
torch.mean(equals.type(torch.FloatTensor)).item()

    train_losses.append(running_loss/len(trainloader))
    test_losses.append(test_loss/len(testloader))
    print(f"Epoch {epoch + 1}/{epochs} \
          Train loss: {running_loss/print_every:.3f} \
          Test loss: {test_loss/len(testloader):.3f} \
          Test accuracy: {accuracy/len(testloader):.3f}")
    return test_loss, accuracy
```

(4) 导入图像:

```python
train_transforms = transforms.Compose([transforms.Resize(224),
                                        transforms.ToTensor()])
```

```python
test_transforms = transforms.Compose([transforms.Resize(224),
                                      transforms.ToTensor()])
train_data = datasets.ImageFolder(datadir,
                                  transform = train_transforms)
test_data = datasets.ImageFolder(datadir,
                                 transform = test_transforms)
num_train = len(train_data)
indices = list(range(num_train))
split = int(np.floor(valid_size * num_train))
np.random.shuffle(indices)
train_idx, test_idx = indices[split:], indices[:split]
train_sampler = SubsetRandomSampler(train_idx)
test_sampler = SubsetRandomSampler(test_idx)
trainloader = torch.utils.data.DataLoader(train_data,
                                          sampler = train_sampler,
                                          batch_size = 1)
testloader = torch.utils.data.DataLoader(test_data,
                                         sampler = test_sampler,
                                         batch_size = 1)
```

(5) 搭建网络：

```python
device = torch.device("cuda" if torch.cuda.is_available() else "cpu")
model = models.resnet50(pretrained = True)

for param in model.parameters():
    param.requires_grad = False

model.fc = nn.Sequential(nn.Linear(2048, 512), nn.ReLU(),
                         nn.Dropout(0.2), nn.Linear(512, 10),
                         nn.LogSoftmax(dim = 1))
criterion = nn.NLLLoss()
optimizer = optim.Adam(model.fc.parameters(), lr = 0.003)
model.to(device)
```

(6) 训练模型：

```python
for epoch in range(epochs):
    for inputs, labels in trainloader:
        steps += 1
        inputs, labels = inputs.to(device), labels.to(device)
        optimizer.zero_grad()
        logps = model.forward(inputs)
        loss = criterion(logps, labels)
        loss.backward()
        optimizer.step()
        running_loss += loss.item()
```

```
if steps % print_every == 0:
    test_loss, accuracy = print_score(torch, testloader,
                                      inputs, device,
                                      model, criterion,
                                      labels)
running_loss = 0
model.train()
```

(7) 保存模型：

```
torch.save(model, 'saftey.pth')
```

6.6.3 工作机理

本实用案例使用了 NVIDIA 的 Docker，绕过了在本地计算机上安装 NVIDIA GPU 所需的许多步骤。使用 VS Code 连接到正在运行的 Docker，并对其进行测试，以确保该容器能够使用 GPU。

在代码实现中，与之前的实用案例一样，首先导入相关的库，然后声明变量。第 1 个变量是训练数据的信息，包括分割量（split amount）、Epoch 的数量以及运行的步数。随后需要创建一个在屏幕上打印结果的函数，以便查看模型是否随着超参数的改变而得到改善。从训练文件夹中导入图像。之后，搭建神经网络并导入 ResNet50 模型，将模型的 require_grad 参数设置为 false，这样代码就不会影响已经存在的模型了。所使用的序列线性神经网络（sequential linear neural network）采用 ReLU 作为激励函数，Dropout 为 20%。添加一个较小的网络作为输出层，使用 Softmax 作为激励函数。使用 Adam 进行随机优化。最后，通过 Epoch 运行代码，在完成训练模型后保存模型。

6.6.4 补充说明

本实用案例可能需要的资源如下，读者可根据情况进行选择。

（1）本书配套代码资源包中，Ch6 -> pyImage -> inferance.py 中提供了一个推理测试器（inference tester）。

（2）可以在 NVIDIA 开发者门户网站找到所有需要的信息，包括如何在 Kubernetes cluster 中有效管理 GPU 的使用，刚刚创建的模型部署以及 TX2 等无人机设备端的信息等。

第 7 章 基于 NLP 和 Bots 的 Kiosks

过去的几年里,语言理解(language understanding)技术有了长足的发展。新的算法和硬件的涌现极大地改变了声控系统的可行性及效果。此外,计算机准确地模拟人类发声的能力也已经达到了近乎完美的程度。在过去的几年中,机器学习取得飞速发展的另一个领域是自然语言处理(**Natural Language Processing**,**NLP**),也称为语言理解。

将计算机语音和语言理解相结合,一个崭新的声控技术市场就会为之开启,如智能 Kiosks 以及智能设备等。

本章将涵盖以下实用案例:

- 唤醒词检测;
- 使用 Microsoft Speech API 实现语音转文字;
- LUIS 入门;
- 智能机器人实现;
- 创建自定义声音;
- 利用 QnA Maker 增强机器人的功能。

7.1 唤醒词检测

唤醒词检测用以确保声控系统不会出现失控的情况。想要实现语音的高识别率是一项颇具挑战性的任务,因为背景噪声会干扰人的语音命令。实现更高识别率的一种方法是采用阵列麦克风(array microphone),因为阵列麦克风可以消除背景噪声。本实用案例使用的是 ROOBO 阵列麦克风和 Microsoft Speech Devices SDK。ROOBO 阵列麦克风是语音 Kiosks 的理想选择,因为其外形尺寸很适于安装在 Kiosks 的面板上。

ROOBO 附带了一个基于 Android 的计算模块。Android 是最常用的 Kiosks 平台,因为其价格便宜,而且界面是触摸优先的。本实用案例将使用 Microsoft Speech Devices SDK 的 Android 版本。Speech Devices SDK 与 Speech SDK 不同。Speech Devices SDK 允许阵列麦克风与圆形麦克风(circular microphone)一起使用,而 Speech SDK 只能用于单个的麦

克风。图 7-1 为 ROOBO 阵列麦克风的图片。

图 7-1　ROOBO 阵列麦克风

7.1.1　预备工作

本实用案例需要一个 ROOBO 线性阵列麦克风或圆形麦克风。在本地计算机上，还需要下载并安装 Android Studio 和 ROOBO 才能使用 **Vysor**。采取以下步骤设置 Vysor。

（1）下载并安装 Android Studio。

（2）下载并安装 Vysor。

（3）设备上电并与计算机连接。设备有两个 USB 接口：一个标签是电源（power）；另一个标签是调试（debug）。将电源接口连接到电源上，将调试 USB 线连接到计算机，如图 7-2 所示。

图 7-2　设备上电并与计算机连接

(4)打开 Vysor,选择要查看的设备,如图 7-3 所示。

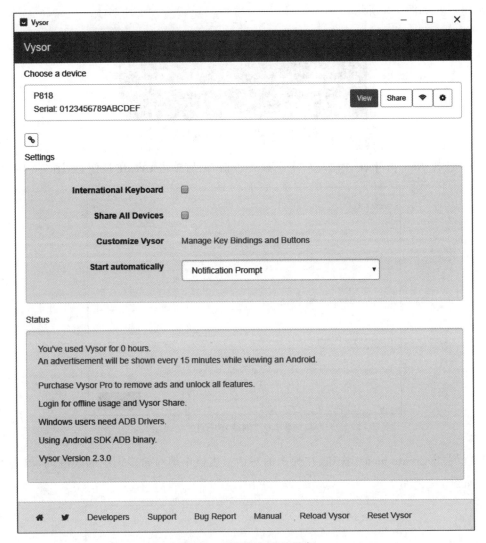

图 7-3　选择要查看的设备

(5)单击 **Settings** 按钮,如图 7-4 所示。

图 7-4　单击 Settings 按钮

现在已经完成了设备的设置,可以生成唤醒词了。要生成一个唤醒词,需采取以下步骤。

(1)打开 Microsoft Speech Devices SDK 的网页(扫描二维码可见),然后单击 **Get started** 按钮,如图 7-5 所示。

图 7-5　单击 Get started 按钮

(2)选择 **New project** 并填写自定义语音表格,然后单击 **Create** 按钮,如图 7-6 所示。

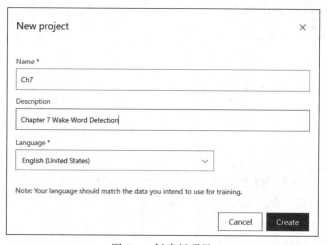

图 7-6　创建新项目

(3)单击 **Create model** 按钮,在弹出的对话框表格中填写希望训练的唤醒词,单击 **Next** 按钮,如图 7-7 所示。

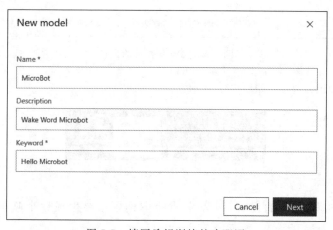

图 7-7　填写希望训练的唤醒词

(4）听取并确认发音，然后单击 **Train** 按钮，如图 7-8 所示。

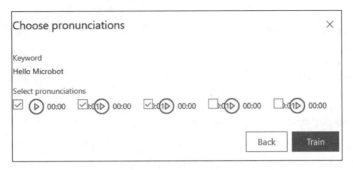

图 7-8　选择发音

(5）该模型需要 20min 的训练时间。训练完成后，单击 **Download** 按钮，可下载相关文件。

7.1.2　操作步骤

本实用案例的操作步骤如下。

(1）在 Android Studio 中，使用 Java 创建一个新项目，如图 7-9 所示。

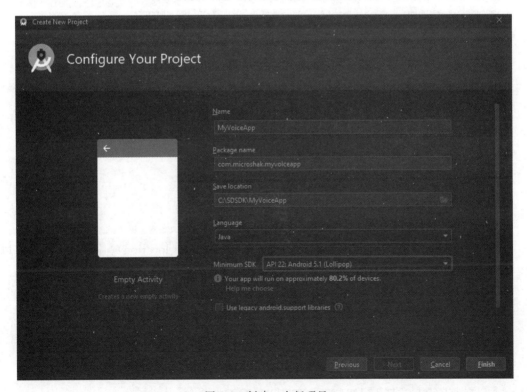

图 7-9　创建一个新项目

（2）在 **Gradle scripts** 中，修改 Gradle Voice Projects 文件夹，并添加对该库的引用：

```
allprojects{
    repositories{
        google()
        jcenter()
        mavenCentral()
        maven{
            url
'https://csspeechstorage.blob.core.windows.net/maven/'
        }
    }
}
```

（3）在 **Gradle scripts** 以及 **Gradle build app** 中，添加下列代码到依赖项：

```
implementation'com.microsoft.cognitiveservices.speech:client-sdk:1.10.0'
```

（4）导入本项目所需的库：

```
import androidx.appcompat.app.AppCompatActivity;
import com.microsoft.cognitiveservices.speech.KeywordRecognitionModel;
import com.microsoft.cognitiveservices.speech.SpeechConfig;
import com.microsoft.cognitiveservices.speech.SpeechRecognizer;
importcom.microsoft.cognitiveservices.speech.audio.AudioConfig;
importjava.io.IOException;
import java.util.ArrayList;
importjava.util.concurrent.ExecutorService;
import java.util.concurrent.Future;

import android.content.res.AssetManager;
import android.os.Bundle;
import android.text.Layout;
import android.text.TextUtils;
import android.view.View;
import android.widget.Button;
importandroid.widget.TextView;
```

（5）在主活动类中，添加已训练模型的键和位置(key and location)。同时，添加麦克风类型，本实用案例中使用的是线性麦克风：

```
public class MainActivity extends AppCompatActivity {
    private static String SpeechSubscriptionKey = "Your key here";
    private static String SpeechRegion = "westus2";
    //your location here

    private TextView recognizedTextView;
    private static String LanguageRecognition = "en-US";
```

```
    private Button recognizeKwsButton;

    private static String Keyword = "computer";
    private static String KeywordModel = "computer.zip";

    private static String DeviceGeometry = "Linear4";
    private static String SelectedGeometry = "Linear4";
    protected static ExecutorService s_executorService;

    final AssetManager assets = this.getAssets();
```

(6) 创建可将结果显示于用户界面上的方法(method)：

```
Private void setTextbox(final String s){
    MainActivity.this.runOnUiThread(()->{
        recognizedTextView.setText(s);
        final Layout layout = recognizedTextView.getLayout();
        if (layout != null) {
            int scrollDelta = layout.getLineBottom(
                recognizedTextView.getLineCount() - 1)
                    - recognizedTextView.getScrollY() -
                recognizedTextView.getHeight();
            if (scrollDelta > 0) {
                recognizedTextView.scrollBy(0, scrollDelta);
            }
        }
    });
}
```

(7) 通过使用默认麦克风来设置音频输入：

```
private AudioConfig getAudioConfig() {
    return AudioConfig.fromDefaultMicrophoneInput();
}
```

(8) 为 on-complete 事件设置任务监听器：

```
Private interface OnTaskCompletedListener<T> {
    void onCompleted(T taskResult);
}
```

(9) 配置语音设置，包括设备位置(参数 DeviceGeometry)、语音区域(参数 SpeechRegion)、语言识别(参数 LanguageRecognition)等：

```
public static SpeechConfig getSpeechConfig() {
    SpeechConfig speechConfig = SpeechConfig.fromSubscription(
        SpeechSubscriptionKey, SpeechRegion);

    speechConfig.setProperty("DeviceGeometry", DeviceGeometry);
    speechConfig.setProperty("SelectedGeometry",SelectedGeometry);
    speechConfig.setSpeechRecognitionLanguage(LanguageRecognition);
```

```java
        return speechConfig;
}
```

(10) 设置 on-complete 任务监听器：

```java
private <T> void setOnTaskCompletedListener(Future<T> task,
    OnTaskCompletedListener<T> listener){
        s_executorService.submit(() -> {
            Tresult = task.get();
            listener.onCompleted(result);
            return null;
        });
}
```

(11) 设置 OnClick 按钮和关键词监听器：

```java
@Override
    protected void onCreate(Bundle savedInstanceState) {
        super.onCreate(savedInstanceState);
        setContentView(R.layout.activity_main);

        recognizeKwsButton =
        findViewById(R.id.buttonRecognizeKws);
        recognizedTextView = findViewById(R.id.recognizedText);

        recognizeKwsButton.setOnClickListener(new
        View.OnClickListener() {
            private static final String delimiter = "\n";
        private final ArrayList<String> content = new
        ArrayList<>();
        private SpeechRecognizer reco = null;

        @Override
        public void onClick(View view) {
            content.clear();
            content.add("");
            content.add("");
            try {
                final KeywordRecognitionModel
                keywordRecognitionModel =
                KeywordRecognitionModel.fromStream(
                assets.open(KeywordModel),Keyword,true);

                finalFuture<Void> task =
                reco.startKeywordRecognitionAsync(
                    keywordRecognitionModel);
                setOnTaskCompletedListener(task,result ->{
                    content.set(0, "say `" + Keyword +
                            "`...");
                        setTextbox(TextUtils.join(delimitr,
```

```
                    content));
                });
            } catch (IOException e) {
                e.printStackTrace();
            }
        }});
    }
}
```

7.1.3 工作机理

Microsoft Speech Devices SDK 允许线性麦克风与圆形麦克风阵列配合使用。本实用案例中创建了一个 Android 应用程序，为用户提供了一个语音相关的用户界面。Android 的触摸优先界面是 Kiosks 的常见形式。同时，还在 Azure 的 Speech Studio 中创建了一个唤醒词文件，以便从服务中获取关键词。

7.1.4 补充说明

Speech Devices SDK 的作用不只是创建了一个唤醒词，它还可以完成语音识别、语言理解以及翻译等工作。如果 Kiosks 处于有背景噪音的环境，语音指令可能会被干扰，那么阵列麦克风将是最好的选择。

本实用案例一开始就提到 Speech Devices SDK 也支持圆形麦克风。阵列麦克风直接指向讲话的人，而圆形麦克风则要垂直于讲话的人。它们用来帮助确定讲话人的方向，并经常用于多人交替讲话的场景，如需要声纹分割聚类（diarization）的场景。

7.2 使用 Microsoft Speech API 实现语音转文字

Microsoft Speech Services 是一个由语音转文字（speech-to-text）、文字转语音（text-to-speech）以及翻译功能等组成的生态系统。它支持多种语言，并具有支持口音的自定义语音识别、专有名词（如产品名称）、背景噪声以及麦克风质量等高级功能。本实用案例将使用 Python 实现 Microsoft Speech SDK。

7.2.1 预备工作

首先，打开 Azure 门户网站并创建一个语音服务。然后进入 **Quick start** 并复制 key。安装 Azure Speech SDK：

```
python -m pip install azure-cognitiveservices-speech
```

7.2.2 操作步骤

本实用案例的操作步骤如下。

(1) 导入库：

```
import azure.cognitiveservices.speech as speechsdk
import time
```

(2) 导入在 7.2.1 节中生成的 key：

```
service_region = "Your Key", "westus2"
```

(3) 初始化语音服务：

```
speech_config = speechsdk.SpeechConfig(subscription = speech_key,
                                       region = service_region)
speech_recognizer = \
speechsdk.SpeechRecognizer(speech_config = speech_config)
speech_recognizer.session_started.connect(lambda evt: \
    print('SESSION STARTED: {}'.format(evt)))
speech_recognizer.session_stopped.connect(lambda evt:\
    print('\nSESSION STOPPED {}'.format(evt)))
speech_recognizer.recognized.connect(lambda evt: \
    print('\n{}'.format(evt.result.text)))
```

(4) 采用无限循环执行不间断的语音识别：

```
try:
    while True:
        speech_recognizer.start_continuous_recognition()
        time.sleep(10)
        speech_recognizer.stop_continuous_recognition()
```

(5) 释放资源并断开会话：

```
except KeyboardInterrupt:
    speech_recognizer.session_started.disconnect_all()
    speech_recognizer.recognized.disconnect_all()
    speech_recognizer.session_stopped.disconnect_all()
```

7.2.3 工作机理

认知服务 (cognitive service) 使用机器学习算法将单个词语拼成有意义的句子。SDK 负责找到麦克风，将音频信息发送给认知服务，并返回结果。

下一个实用案例将使用语言理解来确定语音的语义，并使用 Bot Framework 设计一款智能机器人，该机器人基于语言理解为订餐 Kiosks 提供状态和逻辑信息，就可以使用语音作为该系统的输入了。

Microsoft Speech SDK 允许通过其定制的语音服务来识别口音、发音和音质。还可以将 Docker 容器应用于网络连接受限的环境中。

7.3 LUIS 入门

LUIS 是微软提供的一项服务，支持从文本中提取出实体（entities）、句子所表达的意思、目的（intent）以及动作（action）。文本涉及的领域范围越窄，识别的错误率会越低，因此，LUIS 的授权服务（authorizing service）可以帮助用户创建一个预定义的实体和目的列表，供 LUIS 进行解析。

7.3.1 预备工作

LUIS 是 Azure 认知服务的产品之一。登录 Azure 门户网站，创建一个 LUIS 资源。然后打开 LUIS 网页（扫描二维码），单击 **New App for Conversation**，填写设置的名称、语言以及创建的资源。单击侧面菜单中的 **Entities** 并添加：cheese burger、Vanilla、Milk Shake、French Fries、Diet Pepsi、Chocolate 等，如图 7-10 所示。

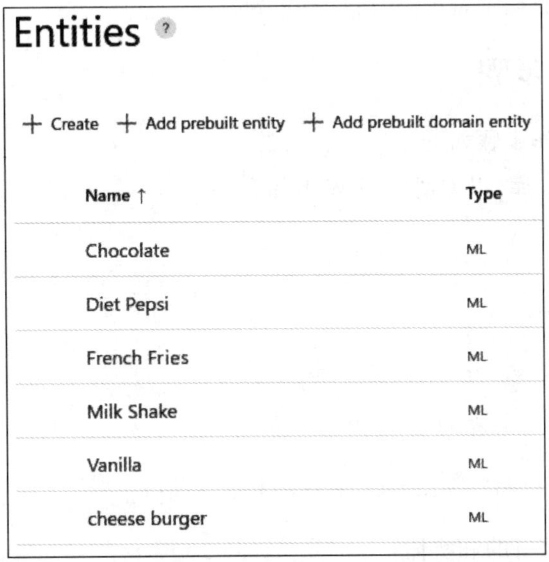

图 7-10　添加实体

实体添加完成后就可以添加目的了，单击 **intents** 按钮，就可以添加一个目的。本实用案例将添加 Menu.Add item 目的。然后，添加一些客人用 Kiosks 点餐时常用的例句，并单击例句中的实体,对它们进行标记,如图 7-11 所示。

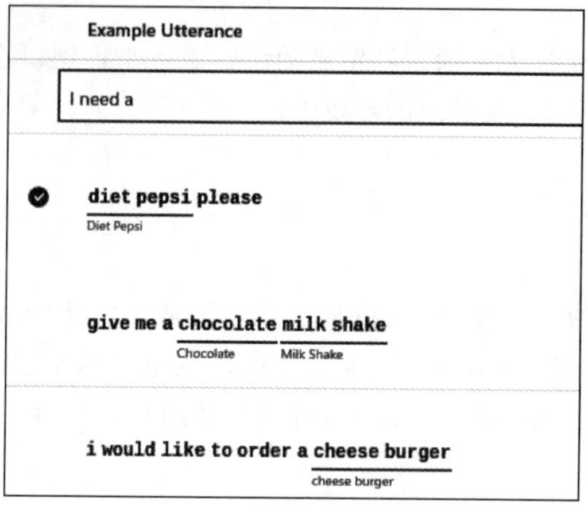

图 7-11　添加点餐常用例句

添加完可以覆盖全部菜单的例句后,单击窗口右上方的 **Train** 按钮。训练完成后,单击 **Publish** 按钮。发布完成后,屏幕上会弹出提示信息,并提供 key、endpoint 以及一个可以通过浏览器的 URL 栏进行识别的例句。

为在订餐 Kiosks 中可能输入的其他动作也创建一个新的目的,如删除订单中的菜品或修改订单等。复制该查询字符串,稍后还要用到。

7.3.2　操作步骤

本实用案例的操作步骤如下。

(1) 导入 requests 库,以方便使用 Web 服务:

```
import requests
```

(2) 输入订单文本:

```
text_query = "give me a vanilla milk shake"
```

(3) 向 LUIS 发送一条信息:

```
r = requests.get(f'Your Copied URL String = {text_query}')
```

(4) 从响应中获取目的和实体:

```
message = r.json()
print(message['prediction']['topIntent'])
for entity in message['prediction']['entities']['$instance']:
    print(entity)
```

7.3.3　工作机理

LUIS 是一个能够对句子进行分解,并提取出对象(实体)和行动(目的)的系统。本实用案例创建了一组实体和目的,LUIS 能够从句子中提取出这些实体和目的,句子可以与给出的示范短语相似即可,不需要一字不差。例如,A vanilla shake would be lovely 这句话并不是训练模型时的原文,但 LUIS 仍然能够判别这是一个 vanilla milkshake 订单。

7.3.4　补充说明

向 LUIS 发送文本并获得 JSON 有效载荷只是 LUIS 的冰山一角。LUIS 与 Microsoft Speech SDK 集成,意味着可以通过麦克风获得实体和目的。可以使用如智能手机等设备自带的语音识别,将文本发送到 LUIS。就像 7.1 节"唤醒词检测"的实用案例中一样,可以使用阵列麦克风来过滤背景噪声或了解声音的方向性,并将其与 LUIS 集成。

7.4　智能机器人实现

本实用案例将使用 Microsoft Bot Framework 创建智能机器人(smart bots)。智能机器人实现了用户与机器人之间的对话。这些对话会触发一系列的动作。机器人会跟踪对话的状态,以便随时了解对话进行到了哪一步。机器人还可以跟踪用户的状态,或者更准确地说,它们可以跟踪用户输入的变量。

智能机器人已经大量应用于如法律表格、财务文件等复杂表格的录入。对于自助点餐 Kiosks 场景,可以实现一个简单的可以在订单中添加菜品的机器人。本案例是建立在前一个实用案例中已经实现的 LUIS 模型基础上的。

7.4.1　预备工作

要想在本地测试智能机器人,需要从微软下载并安装 Bot Framework Emulator。安装说明和文档链接可以在 GitHub 页面上找到(扫描二维码即可)。

接下来安装依赖项。本项目使用的是 Python,有一个需求文件(requirements file)。要安装该文件,请复制本书的 GitHub 资源库,并打开 Ch7/SmartBot 文件夹。然后,输入以下 pip install 脚本:

```
pip3 install -r requirements.txt
```

将会安装除了智能机器人要使用的 Web 服务器平台 Flask 和异步库 async.io 之外的 Bot Framework 组件。

7.4.2 操作步骤

本实用案例的操作步骤如下。

(1) 创建一个 app.py 文件并导入库：

```python
from flask import Flask, request, Response
from botbuilder.schema import Activity
from botbuilder.core import (
    BotFrameworkAdapter,
    BotFrameworkAdapterSettings,
    ConversationState,
    UserState,
    MemoryStorage
)
import asyncio
from luisbot import LuisBot
```

(2) 初始化 Flask Web 服务器：

```python
app = Flask(__name__)
```

(3) 初始化事件循环程序：

```python
loop = asyncio.get_event_loop()
```

(4) 初始化机器人内存、对话状态以及用户状态：

```python
botadaptersettings = BotFrameworkAdapterSettings("","")
botadapter = BotFrameworkAdapter(botadaptersettings)
memstore = MemoryStorage()
constate = ConversationState(memstore)
userstate = UserState(memstore)
botdialog = LuisBot(constate, userstate)
```

(5) 设置 URL 路由：

```python
@app.route("/api/messages", methods=["POST"])
```

(6) 通过 LUIS 和 Bot Framework 的逻辑进行循环：

```python
def messages():
    if "application/json" in request.headers["content-type"]:
        body = request.json
    else:
        return Response(status=415)
    activity = Activity().deserialize(request.json)
```

```
            auth_header = (request.headers["Authorization"] if \
                        "Authorization" in request.headers else "")

            async def call_fun(turncontext):
                await botdialog.on_turn(turncontext)

            task = \
            loop.create_task(botadapter.process_activity(activity,
                                                    "",call_fun))
            loop.run_until_complete(task)
```

(7) 创建 luisbot.py 文件,在 luisbot.py 文件中提供相关库导入语句:

```
from botbuilder.ai.luis import LuisApplication, \
LuisPredictionOptions, LuisRecognizer
from botbuilder.core import(
ConversationState
, UserState
, TurnContext
, ActivityHandler
, RecognizerResult
, MessageFactory
)
from enum import Enum
```

(8) 创建 Order 数据仓库,用来保存信息:

```
class EnumOrder(Enum):

    ENTREE = 1
    SIDE = 2
    DRINK = 3
    DONE = 4

class Order:

    def __init__(self):
        self.entree = ""
        self.drink = ""
        self.side = ""

    @property
    def Entree(self):
        return self.entree
    @Entree.setter
    def Entree(self,entree:str):
        self.entree = entree

    @property
```

```python
        def Drink(self):
            return self.drink
        @Drink.setter
        def Drink(self,drink:str):
            self.drink = drink

        @property
        def Side(self):
            return self.side
        @Side.setter
        def Side(self,side:str):
            self.side = side
```

(9) 添加对话状态数据类,用来保存对话状态:

```python
class ConState:
    def __init__(self):
        self.orderstatus = EnumOrder.ENTREE
    @property
    def CurrentPos(self):
        return self.orderstatus
    @CurrentPos.setter
    def EnumOrder(self,current:EnumOrder):
        self.orderstatus = current
```

(10) 创建 LuisBot 类并初始化变量:

```python
class LuisBot(ActivityHandler):
    def __init__(self, constate:ConversationState, userstate:UserState):
        luis_app = LuisApplication("APP ID","primary starter key",\
                    "https://westus.api.cognitive.microsoft.com/")
        luis_option = LuisPredictionOptions(
        include_all_intents = True, include_instance_data = True)
        self.LuisReg = LuisRecognizer(luis_app,luis_option,True)
        self.constate = constate
        self.userstate = userstate
        self.conprop = self.constate.create_property("constate")
        self.userprop = self.userstate.create_property("userstate")
```

(11) 在每个 turn,记录当前的状态:

```python
async def on_turn(self,turn_context:TurnContext):
    await super().on_turn(turn_context)
    await self.constate.save_changes(turn_context)
    await self.userstate.save_changes(turn_context)
```

(12) 设置 on_message_activity，从 LUIS 获得状态和实体：

```python
async def on_message_activity(self,turn_context:TurnContext):
    conmode = await self.conprop.get(turn_context,ConState)
    ordermode = await self.userprop.get(turn_context,Order)
    luis_result = await self.LuisReg.recognize(turn_context)
    intent = LuisRecognizer.top_intent(luis_result)
    await turn_context.send_activity(f"Top Intent : {intent}")
    retult = luis_result.properties["luisResult"]
    item = ''
    if len(retult.entities) != 0:
        await turn_context.send_activity(f" Luis Result
                                        {retult.entities[0]}")
        item = retult.entities[0].entity
```

(13) 定义步骤逻辑。这是完成订单所需要采取的一系列步骤：

```python
if(conmode.orderstatus == EnumOrder.ENTREE):
    await turn_context.send_activity("Please enter a main \
                                    Entree")
    conmode.orderstatus = EnumOrder.SIDE
  elif(conmode.orderstatus == EnumOrder.SIDE):
    ordermode.entree = item
    await turn_context.send_activity("Please enter a side \
                                    dish")
    conmode.orderstatus = EnumOrder.DRINK
  elif(conmode.orderstatus == EnumOrder.DRINK):
    await turn_context.send_activity("Please a drink")
    ordermode.side = item
    conmode.orderstatus = EnumOrder.DONE
  elif(conmode.orderstatus == EnumOrder.DONE):
    ordermode.drink = item
    info = ordermode.entree + " " + ordermode.side + \
            "" + ordermode.drink
    await turn_context.send_activity(info)
    conmode.orderstatus = EnumOrder.ENTREE
```

7.4.3 工作机理

Bot Framework 是由微软开发的一个机器人构建框架。它由活动和状态组成，活动有许多不同的类型，如消息传递、事件和对话结束等。为了跟踪状态，需要两个变量，即 UserState 和 ConversationState。UserState 用于捕捉用户输入的信息，在本实用案例中，就是菜品订单。ConversationState 允许机器人按顺序进行提问。

7.4.4 补充说明

Bot Framework 可以跟踪对话状态和用户数据，但并不局限于某一个对话。例如，用户可以使用 LUIS 来确定其目的可能分属不同的对话。在订餐场景中，用户开始订餐后，还可以允许询问营养信息或当前的订餐费用等。此外，还可以添加文字转语音功能，为 Kiosks 增加语音输出。

7.5 创建自定义声音

近年来，语音技术已经有了长足的进步。合成的声音在几年前还是很容易分辨的，因为它们的语音风格（voice font）雷同，明显呆板机械，声音也很单调，很难表达情感的起伏。如今，可以创建自定义的语音风格，并为其增加重音、速度和情绪的变化。本实用案例将介绍如何用用户自己的或其他演员的声音来创建一个自定义的语音风格。

7.5.1 预备工作

为了创建一个自定义的语音风格，本实用案例使用的是微软的 Custom Voice 服务。打开网页（扫描二维码），单击 **Custom Voice** 按钮。如图 7-12 所示，在 **Custom Voice** 页面上，单击 **New project** 按钮。

图 7-12　微软的 Custom Voice 服务

定义项目名称和描述后，就可以上传音频文件进行训练了。截至本书编写时，最好的语音系统 Neural Voice 正在进行内测。如果可以使用该系统的 Neural Voice 功能，将需要准备 1h 的语音数据。如果只是实现一个对高保真度（high-fidelity）要求不高的语音风格，可以使用标准的语音训练系统，仅需要提供低至 1h 的音频样本即可。若要追求更高的质量，则需要 8h 以上的音频样本。

创建好新项目后，将进入 Microsoft Speech Studio。如图 7-13 所示，打开 **Data** 选项卡，然后单击 **Update Data** 按钮。选择 **audio only**，除非用户已经预先准备好录制的音频。

图 7-13　Microsoft Speech Studio

将所有的 MP3 文件压缩成一个文件上传。根据上传的音频数量，可能需要花费几个小时处理这些音频。然后，打开 **Training** 选项卡，单击 **Train Model** 按钮，有三种不同的训练方法可供选择：**Statistical parametric**、**Concatenative** 以及 **Neural**，如图 7-14 所示。其中，**Statistical parametric** 是质量最低的选项，需要的数据量也最少。接下来的方法是 **Concatenative**，此方法需要音频长度超过 1 小时。质量最高的方法是 **Neural**，要求的训练时间更长，可能会有几个小时。可以根据需要选择适合的训练方法。

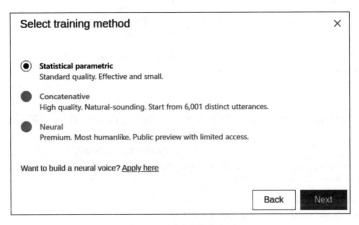

图 7-14　选择训练方法

训练完成后，打开 **Testing** 选项卡，即可测试新声音。在 **Testing** 选项卡中，可以听到并下载音频。建议使用文本或 **Speech Synthesis Markup Language**（**SSML**）产生音频，SSML 是一种基于 XML 的语音标记语言。如果正在使用 Neural Voice 功能，SSML 允许增加诸如高兴、同情等不同的情绪。此外，还可以利用 SSML 对发音、重音和速度进行微调。

在测试了自定义语音后，打开 **Deployment** 选项卡部署语音。一旦完成，就可查看部署信息，可以利用这些部署信息向 Cognitive Services 发送请求。

7.5.2　操作步骤

本实用案例的操作步骤如下。

（1）导入库：

```
import requests
from playsound import playsound
```

（2）设置变量：

```
Endpoint_key = "you will find this in your deployment"
location = 'the location you deployed it like australiaeast'
deploymentid = 'you will find this in your deployment'
```

```python
project_name = 'The name you gave to your entire project'
text = "Hey, this is a custom voice demo for Microsoft's Custom Voice"
```

(3) 生成令牌：

```python
def get_token():
    fetch_token_url = f"https://{location}.api.cognitive.microsoft\
    .com/sts/v1.0/issueToken"
    headers = {
                'Ocp-Apim-Subscription-Key': Endpoint_key
        }
    response = requests.post(fetch_token_url, headers = headers)
    access_token = str(response.text)
    return access_token
```

(4) 向自定义语音发送请求，其中包括希望它创建的词语，并返回响应：

```python
constructed_url = f"https://{location}.voice.speech.microsoft\
.com/cognitiveservices/v1?deploymentId = {deploymentid}"
headers = {
    'Authorization': 'Bearer ' + get_token(),
    'Content-Type': 'application/ssml+xml',
    'X-Microsoft-OutputFormat': 'riff-24khz-16bit-mono-pcm',
    'User-Agent': project_name
}

body = f"""<speak version = \"1.0\"
xmlns = \"http://www.w3.org/2001/10/synthesis\"
xmlns:mstts = \"http://www.w3.org/2001/mstts\" xml:lang = \"en-US\">
<voice name = \"Siraj\">{text}</voice></speak>"""

response = requests.post(constructed_url, headers = headers,
                    data = body)
```

(5) 从响应中保存 WAV 文件并进行播放：

```python
if response.status_code == 200:
    with open('sample.wav', 'wb') as audio:
        audio.write(response.content)
        playsound('sample.wav')
        print("\nStatus code: " + str(response.status_code) +
            "\nYour TTS is ready for playback.\n")
else:
    print("\nStatus code: " + str(response.status_code) +
        "\nSomething went wrong. Check your subscription\
    key and headers.\n")
```

7.5.3 工作机理

本实用案例使用了认知服务的自定义语音转文字功能。该功能既具有预训练好的语音风格,也允许创建自定义语音风格。在后台,先接收语音输入,使用语音转文字功能析取文本中的单词,然后使用这组单词和语音创建自定义语音。训练完成后可以开放一个 endpoint 获取语音模型的音频。

7.6 利用 QnA Maker 增强机器人的功能

微软的 QnA Maker 是一个很好的工具,它可以利用语言理解技术将接收到的 **FAQ**(**Frequently Asked Question**)转换为一系列的问题和答案,这样,用户就可以采用不同的方式进行提问,并得到与问题相匹配的答案。QnA Maker 可以接收**制表符分隔值**(**Tab-Separated Value**,**TSV**)列表、FAQ 网页以及 PDF 文件等。本实用案例将使用一个带有问题和答案的 TSV。

QnA Maker 解决了语音识别以及提取用户问题过程中的模糊逻辑难题。作为认知服务中语音生态系统的一部分,它可以很容易地与 Bot Framework 以及语音相结合,给客户带来丰富的互动体验。

7.6.1 预备工作

在使用 QnA Maker 之前,需要准备好一系列的问题及对应的答案,可以将其指向一个网站来解析问题和答案,或者上传一个 TSV。本实用案例中使用的是 TSV,本书的 GitHub 资源库中给出了一个样例。

要创建一个 QnA Maker 项目,需打开 QnA Maker 门户网站(扫描二维码),单击 **Create a Knowledge Base**。向导将通过 4 个步骤创建一个 QnA 机器人。

(1)在 Azure 中部署资源。

(2)选择使用的语言,并将机器人与刚刚创建的新服务关联起来。然后,就可以给项目起一个名字,并上传带有问题和答案的文件。添加问题和答案最直接的方法是使用 TSV。如图 7-15 所示,需要填写若干字段,包括 question、answer、source 以及 meta,其中 source 是可以用来查询数据的字段。例如,在关于营养学的 FAQ 中,可能有好几种不同的方式理解和回应关于汉堡热量的查询。在上传和创建服务后,可以查看系统上传的内容,并将问题和答案添加到现有数据中。

(3)打开 viewing 选项卡,选择 **Show meta data**。然后添加采用 Speech Studio 的内容创建器创建的音频,具体可参考 7.5 节对 Speech Studio 所做的介绍。在元标签(meta tag)部分,将添加采用内容创建器创建的音频文件,如图 7-16 所示。

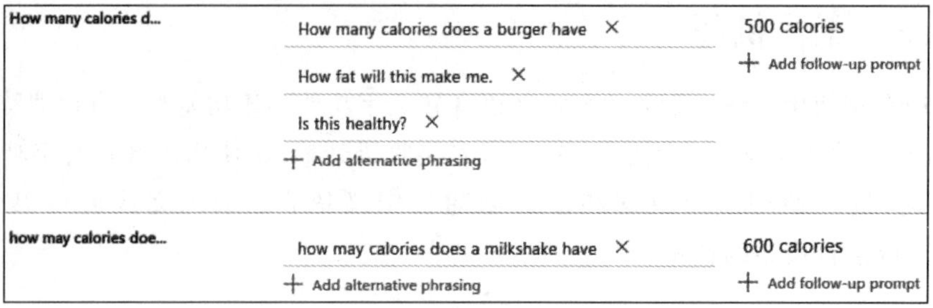

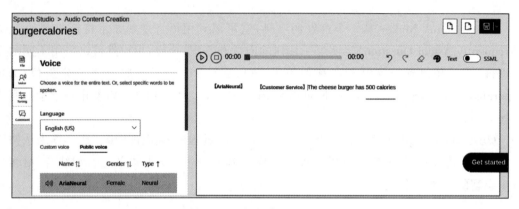

图 7-15 填写字段

图 7-16 添加创建的音频文件

（4）单击 **Save and Train** 按钮，保存模型后，单击 **Test** 按钮，就可以开始与 QnA Maker 机器人进行对话了。如果对创建的 QnA Maker 机器人满意，则可以单击 **Publish** 按钮。训练完成后，QnA Maker 将显示 curl 命令，以便向 QnA Maker 发送问题。系统就会提取所需的关键词，并将请求转换为 Python 字符串。

7.6.2 操作步骤

本实用案例的操作步骤如下。

（1）导入发送网络请求和播放声音所需的库：

```
import requests
import json
from playsound import playsound
```

（2）设置变量：

```
auth = 'EndpointKey '
question = 'how many calories in a cheese burger'
projectURL = ''
```

(3)以正确的格式生成数据：

```
headers = {
    'Authorization': auth,
    'Content-type': 'application/json',
}

data = '{ "question":"' + question + '"}'
```

(4)通过项目的URL向语音服务发送请求：

```
response = requests.post(projectURL, headers = headers, data = data)
json_data = json.loads(response.text)
```

(5)从response中提取音频并在扬声器上播放：

```
for meta in json_data['answers'][0]['metadata']:
    if meta['name'] == "file":
        audiofile = 'audio/' + meta['value']
        print(audiofile)
        playsound(audiofile)
```

7.6.3 工作机理

实际上，QnA Maker是采用机器学习技术来训练一个基于问题-答案对的模型。然后，对传入的文本进行解析，以确定到底对应的是哪一个问题。在之前的Kiosks案例中，QnA Maker只是用来回答简单的问题，如食物的营养价值和餐厅的信息位置等。

本实用案例使用QnA Maker的服务http post来访问训练好的模型。QnA Maker给出的结果被转换为声音文件并在扬声器上进行播放。

7.6.4 补充说明

QnA Maker中也包含了聊天功能(chit-chat)。在创建QnA Maker项目时，可以通过chit-chat选项来激活它。聊天功能允许用户输入更大规模的问题集，并与机器人进行休闲对话。在聊天功能中有若干种对话风格可以进行选择，如专业型或健谈型等。

第 8 章 采用微控制器和 pipeline 进行优化

大多数 IoT 设备运行在**微控制器单元**（**MicroController Unit**，**MCU**）上，而大多数机器学习是在 CPU 上进行的。AI 最前沿的创新之一是能够在受限设备端运行模型。过去，AI 只局限于在配备了 Windows 或 Linux 等传统操作系统的大型计算机上运行。现在，小型设备也可以通过 ONYX 和 TensorFlow Lite 等技术执行机器学习模型。这些受限设备成本低，可以在不需要互联网连接的条件下使用机器学习算法，并可以大大节省云计算成本。

许多 IoT 项目由于云计算成本高昂最终导致失败。IoT 设备的销售价格通常是固定的，采用的不是需要重复订阅的销售模式。但是运行机器学习算法或进行分析会带来高额的云计算成本。出现这样的情况完全没有道理。因为即使对于微控制器来说，通过将机器学习算法和分析任务推送给设备本身，也可以大大降低成本。

本章将重点讨论两种不同的开发板：一种是 **ESP32**；另一种是 **STM32**。ESP32 是一款具有 Wi-Fi 功能的 MCU，价格通常为 5～10 美元，非常适合于仅需在设备端添加少许传感器的小型项目，如气象站项目等。相比之下，电气工程师们通常喜欢使用 **STM32** 开发板快速启动一个项目。开发板的类型有几十种之多，它们使用的计算模块也各不相同，如 Cortex M0、M4 以及 M7 等。电气工程师们通常采用 ESP32 执行 IoT 设备端的计算任务。其他平台，如 STM32，也被认为是入门套件，电气工程师们常常先明确所需的芯片组，然后再去设计能满足他们特殊需求的电路板。

要想让这些开发板正常运行，与云端实现交互，并运行 ML 模型，都不是简单的事情。本章的重点在于使这些设备能够执行复杂的计算任务，并连接到云端。要做到这一点，还要探讨一些必需的特殊工具。一般来说，机器学习算法是用 Python 等高级语言来实现的，而设备端使用的通常是 C 或 C++ 语言。

本章将涵盖以下实用案例：

- 基于 ESP32 的 IoT 简介；
- ESP32 环境监控器的实现；
- 超参数优化；
- BOM 变更的处理；

- 使用 Sklearn 构建机器学习 pipeline；
- 使用 Spark 和 Kafka 进行流式机器学习；
- 使用 Kafka 的 KStreams 和 KTables 丰富数据。

8.1 基于 ESP32 的 IoT 简介

本实用案例将使用 ESP32 与 Azure IoT Hub 进行对接，主要完成对网络接口的编码，并从计算机下载代码部署到 ESP32 上，最后采用串行监视器查看结果。

8.1.1 预备工作

本实用案例使用 Arduino 框架对一个裸机 IoT 解决方案进行编程。在计算机上安装 **Arduino IDE（Integrated Development Environment）**，其中包含了使用 Arduino 框架对 ESP32 进行编程所需的相关支持软件。安装 **Visual Studio Code（VS Code）**。VS Code IDE 有一个扩展，可以使开发板的选择和库的添加变得容易，同时还包括一个串行监视器和若干内置工具。

Arduino IDE 和 VS Code 安装完成后，还需要在 VS Code 中找到必需的扩展工具。然后搜索 platformIO，如图 8-1 所示。

PlatformIO IDE 安装完成后，通过 USB 将 ESP32 连接到计算机。在左侧面板上找到 **PlatformIO** 按钮，并在 **QUICK ACCESS** 菜单中，单击 **Open** 按钮，如图 8-2 所示。至此就可以进入 PlatformIO 的主窗口，单击 **Open Project** 按钮，如图 8-3 所示。

图 8-1　搜索 platformIO

图 8-2　打开 PlatformIO 的主窗口

图 8-3　PlatformIO 的主窗口

如图 8-4 所示，跟随启动向导为项目选择名称、框架（本例中是 Arduino）以及开发板类型。为了使引脚正常工作，必须选对开发板类型。有些开发板上有标记，可以辅助检查开发板的类型，有些则没有。因此，在购买 ESP32 时，首先要确定电路板的类型。

图 8-4　启动向导

安装 Azure IoT Hub 库以及快速入门的代码。回到 **QUICK ACCESS** 菜单并单击 **Libraries** 按钮。然后，在搜索菜单中输入 Azure IoT，选择微软的 AzureIoTHub 库。上述工作完成后，将发布版本改为最新的可用版本，单击 **Install** 按钮。然后，对 AzureIoTUtility、Wi-Fi 以及 AzureIoTProtocol_MQTT 库进行同样的操作。

安装完成后，回到 Azure IoT Hub 库。库中提供一些快速入门代码，可以快速连接本地 Wi-Fi 和 IoT Hub。本实用案例也使用了一些示例代码测试与 IoT Hub 的连接。在 **Examples** 部分，有 iothub_ll_telemetry_sample、sample_init 以及 iot_configs 等三个代码文件，如图 8-5 所示。从 iothub_ll_telemetry_sample 文件中提取代码，并替换源代码中的 main.cpp 代码。创建两个新文件，命名为 sample_init.h 和 iot_configs.h，复制并粘贴 PlatformIO 例子中的示例代码。

图 8-5　Azure IoT Hub 库提供的示例代码

8.1.2　操作步骤

本实用案例的操作步骤如下。

（1）添加 Wi-Fi 连接字符串。修改 iot_configs.h 文件中第 10～11 行的字符串：

```
#define IOT_CONFIG_WIFI_SSID "IoT_Net"
```

```
#define IOT_CONFIG_WIFI_PASSWORD "password1234"
```

(2) 从 Azure IoT Hub 获取设备连接字符串,并将其插入 iot_configs.h 文件的第 19 行:

```
#define DEVICE_CONNECTION_STRING"HostName = myhub.azure-devices.net;DeviceId = somerandomname;SharedAccessKey = TWnLEcXf/sxZoacZry0akx7knP0a2gSojrkZ7oyafx0 = "
```

(3) 通过 USB 将 ESP32 连接到计算机,单击左侧面板的 PlatformIO 图标,然后选择 **Upload** 和 **Monitor**,如图 8-6 所示。

图 8-6　ESP32 连接到计算机

8.1.3　工作机理

将代码上传到 ESP32,并启用串行监视器。当连接到 Wi-Fi 网络并向 IoT Hub 发送消息时,在 Visual Studio 的面板中就会显示文本。本案例中还创建了用于接收云端到设备端消息的示例代码。

8.1.4　补充说明

本实用案例仅仅涉及了 IoT Hub SDK 强大功能的一些皮毛而已。通过案例代码,还可以发送一组云端到设备端的消息,这些消息将排队等待设备进行处理。也可以直接发送一条消息,类似于云端到设备端的消息,但是该类消息不需要排队等待。此外,若一台设备处于离线状态,消息就永远不会被发送。另外,还可以选择上传至 blob,就能将日志或二进制文件安全地直接上传到 blob 存储空间。最后,还可以使用孪生设备,这样在某台设备端设置好配置文件后,可以跨设备群进行查询,这将有助于发现是否存在更新不成功或设置不正确的情况。

8.2　ESP32 环境监控器的实现

使用硬件搭建一个简单的环境监控器是非常容易实现的。本实用案例将结合一些简单的硬件对此进行概念验证,还将讨论如何将这样的设计用于实际生产。在此介绍一款硬件

设计工具 **Fritzing**。尽管 Fritzing 不像 **KiCad** 或 **Altuim Designer** 那样功能强大,但即便不是电气工程师,也可以使用该工具完成电路板的设计并交付给厂家进行生产。

本实用案例的目的不是真的要教授如何制造出一个温度和湿度传感器。温度和湿度传感器对 IoT 来说就像程序设计中的 Hello World 一样。本实用案例的重点是通过生产制造,以快速的方式在受限设备端实施,并不是所有的 IoT 项目都可以按这种方式实现。当然,有些 IoT 项目需要电气工程师构建出复杂的设备,如具备视频显示和声音的设备或者医疗行业中使用的一些高速设备等。

8.2.1 预备工作

本实用案例将在 8.1 节案例的基础上更改,在 VS Code 中,将添加 PlatformIO 扩展。最终,通过 USB 将 ESP32 连接到计算机,但在连接传感器之前,不要先连接计算机。对于本实用案例,需要的零部件包括一个 DHT11 数字湿度温度传感器、跳线、一个 10kΩ 的电阻和一个面包板,大概花费 20 美元就可以买到所有这些部件。

进入 VS Code,使用 PlatformIO 扩展,创建一个新项目。然后,从 PlatformIO 库管理器中安装 DHT 传感器库。接着下载 Fritzing,这是一个开源的程序,可以在相应的网站上共享已完成工作并进行备份。也可以通过 GitHub 资源库,在 **Release** 文件夹下载并安装该程序。ESP32 的硬件版本有许多,ESP32 的引脚和功能可能会有所不同。根据 ESP32 的数据手册确定包含哪些引脚。例如,有一些引脚可以用作时钟周期或测量电压,还有一些引脚是电源和地线,用来给外部传感器供电。根据 DHT11 和 ESP32 的数据手册,可以通过不同组件的各种输入输出,创建一个映射。

8.2.2 操作步骤

本实用案例的操作步骤如下。

(1) 打开 Fritzing,在右侧面板的 **Parts** 部分,打开 menu 选项卡,选择 **Import**,如图 8-7 所示。然后,选择 ESP32 和 DHT11,这两项内容在本章的源代码中都可以找到。

图 8-7 选择 Import

(2) 在 **Parts** 列表中搜索电阻,将其拖到屏幕上后,将属性调整为 **4.7kΩ**,如图 8-8 所示。

(3) 如图 8-9 所示,将 DTH11 放置到开发板上,用电源线连接 3.3V 的电压和接地引脚。

(4) 将 General-Purpose Input/Output(GPIO)的引脚 27 连接到 DHT11 的数据引脚,在 3.3V 电源线和 DHT11 的数据引脚之间增加一个 4.7kΩ 电阻。

(5) 将 ESP32 连接到计算机,从 8.2.1 节建立的 PlatformIO 项目中调出 /scr/main.cpp 文件。

第8章 采用微控制器和pipeline进行优化 | 139

图 8-8 调整电阻属性

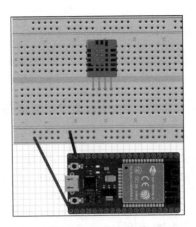

图 8-9 连接电源线

图 8-10 连接数据引脚

（6）在 main.cpp 中，添加 DHT.h 库：

#include "DHT.h"

（7）创建对 ESP32 的数据引脚以及 DHT 传感器类型的引用：

#define DHTPIN 27
#define DHTTYPE DHT11

（8）初始化 DHT 变量：

DHT dht(DHTPIN, DHTTYPE);

（9）设置串口并打印测试信息。然后，初始化 dht 对象：

void setup()

```
{
    Serial.begin(115200);
    Serial.println("DHT11 sensor!");
    dht.begin();
}
```

(10)在主循环中,读取温度和湿度传感器的值。然后,调用打印函数,等待 2s 后继续循环:

```
void loop() {
    float h = dht.readHumidity();
    float t = dht.readTemperature();
    printResults(h,t);
    delay(2000);
}
```

(11)创建一个可以进行错误检查的函数。若无错误,则打印结果:

```
void printResults(float h,float t)
{
    if (isnan(h) || isnan(t)) {
    Serial.println("Failed to read from DHT sensor!");
    return;
}
    Serial.print("Humidity: ");
    Serial.print(h);
    Serial.print(" %\t");
    Serial.print("Temperature: ");
    Serial.print(t);
    Serial.println(" *C");
}
```

8.2.3 工作机理

本案例中,温度和湿度传感器经过 ESP32 连接电源和地线。连通指定了一个数据 GPIO 引脚,并添加了电阻以匹配电压。

购买的 DHT11 有些是 3 个引脚,有些则是 4 个引脚,可以根据传感器的引脚规格进行调整。同样,不同的 ESP32 制造商也会有不同的引脚规格。在使用任何硬件之前,首先要检查该特定产品的数据手册。

8.2.4 补充说明

通常来说,可以通过若干不同的途径实现电路板的设计并在工厂中大规模生产产品。可以雇用电子工程师完成这件工作,但对像本案例这样的小项目来说,通常可以去找一家专门从事电路板设计的公司。许多厂家提供硬件设计服务，可以将 Fritzing 的设计图加工成产品。这些厂家通常先打印出产品的原型，待确认后就可以进行电路板的大规模生产了。

8.3 超参数优化

超参数（hyperparameters）调整可以通过很多不同的方法实现。如果采用手动的方法，可以将随机变量代入相应的参数中，看看哪一个是最优的。要做到这一点，可以采用网格化（grid-wise）方法，即列出所有可能的选项，然后进行随机实验，沿着可能产生最佳结果的路径一直进行下去。也可以采用统计学或机器学习的方法确定哪些参数可以带来最优的结果。根据实验损失函数选取的不同，这些方法也各有特色。

形形色色的机器学习库可以帮助我们更容易地完成这类常见的任务。例如，Sklearn 提供了 RandomizedSearchCV 方法，在给定一组参数的情况下，可以搜索损失最小的最优模型。本实用案例将使用随机森林，扩展 3.3 节的案例，同时将增加网格化搜索，以优化结果。

8.3.1 预备工作

本实用案例中，将使用第 3 章中的 MOX 传感器数据集。在第 3 章中，已将数据保存在 Delta Lake 中，因此可以很方便地将其调入 Spark Notebook 中。本节还将使用 Koalas、Sklearn 和 NumPy Python 软件包。

8.3.2 操作步骤

本实用案例的操作步骤如下。

（1）导入必要的库：

```
import koalas as pd
import numpy as np
from sklearn.model_selection import train_test_split
from sklearn.ensemble import RandomForestClassifier
from sklearn.model_selection import GridSearchCV
```

（2）从 Databricks Delta Lake 中导入数据：

```
df = spark.sql("select * from ChemicalSensor where class <>'banana'")
pdf = df.toPandas()
```

（3）对数据进行选择和编码：

```
from sklearn.preprocessing import OneHotEncoder
from sklearn.preprocessing import LabelEncoder
```

```python
pdf.rename(columns = {'class':'classification'}, inplace = True)
X = pdf
y = pdf['classification']

label_encoder = LabelEncoder()

integer_encoded = \
label_encoder.fit_transform(pdf['classification'])
onehot_encoder = OneHotEncoder(sparse = False)

integer_encoded = integer_encoded.reshape(len(integer_encoded), 1)
onehot_encoded = onehot_encoder.fit_transform(integer_encoded)

feature_cols = ['r1', 'r2', 'r4', 'r5', 'r6','r7', 'r8', 'temp',
                'humidity', 't0', 'td']
X = pdf[feature_cols]
y = onehot_encoded

X_train, X_test, y_train, y_test = \
train_test_split(X, y, test_size = 0.3, random_state = 40)
```

(4)选择要进行调整的参数：

```python
model_params = {
    'n_estimators': [50, 150, 250],
    'max_features': ['sqrt', 0.25, 0.5, 0.75, 1.0],
    'min_samples_split': [2, 4, 6]
}
```

(5)创建随机森林分类器算法的实例，以便后续调整其超参数：

```python
rf_model = RandomForestClassifier(random_state = 1)
```

(6)设置网格化搜索的估计值，以便调校参数：

```python
clf = GridSearchCV(rf_model, model_params, cv = 5)
```

(7)训练决策树分类器：

```python
model = clf.fit(X_train,y_train)
```

(8)预测测试数据集的反应：

```python
y_pred = clf.predict(X_test)
```

(9)打印最优的超参数集：

```python
from pprint import pprint
pprint(model.best_estimator_.get_params())
```

8.3.3 工作机理

第3章的案例随机选择了使用随机森林分类器算法，并通过仅运行一次来获得必要的输出。但是，本实用案例中的代码要运行很多次，以便搜索到能找到的最优的估计值。通常电子表格也可以做到这些，并对每次运行情况进行跟踪，但本算法能够实现实验过程和跟踪结果的自动化。

8.4 BOM变更的处理

BOM（Bill Of Materials）是设备的物料清单，包括电阻、芯片等部件。典型 IoT 产品的生命周期大约为 10 年。在这期间，与产品相关的很多情况都会发生变化，如供货商或许会停止生产该产品的芯片。外包的制造商通常会对电路板布局进行 BOM 优化，而 BOM 优化会影响到产品的质量，例如，可能会使传感器的灵敏度发生变化，也可能会影响到产品的寿命等。

这些变化都会导致已训练好的模型失效，并对剩余使用寿命的测算和预测性维护模型产生巨大的影响。借助 IoT 和机器学习，基于 BOM 以及厂方的变更，跟踪已经对产品剩余使用寿命产生影响的那些变化，有助于检测有关产品的质量和寿命等问题。

一般来说，这些可以通过建立数据库来完成。设备在工厂制造完成后，该设备的序列号、BOM 版本以及厂商细节等会存储在该工厂，工厂可以计算出该设备的总预期寿命。

8.4.1 预备工作

本实用案例将启动一个 SQL Server 数据库的 Docker 实例。为此，必须提前安装 Docker。下一步是使用 Docker 构建和运行 SQL Server 数据库：

```
docker pull mcr.microsoft.com/mssql/server:2017-latest
```

然后，运行 Docker：

```
docker run -e 'ACCEPT_EULA=Y' -e 'MSSQL_AGENT_ENABLED=true' \
-e 'MSSQL_PID=Standard' -e 'SA_PASSWORD=Password!' \
-p 1433:1433 --name sqlserver_1 \
-d mcr.microsoft.com/mssql/server:2017-latest
```

建立可以工作的 SQL Server 数据库后，还需要添加一个数据库和两个表。通过安装 VS Code 的 mssql 插件连接到 SQL 数据库，然后使用 Docker 文件中的用户名和密码连接到数据库，具体如图 8-11 所示。

上述工作完成后，单击左侧面板中的 new SQL Server 工具。然后，单击加号（＋）按钮，通

图 8-11　使用 mssql 插件连接到 SQL 数据库

过向导创建一个数据库连接。当向导要求输入 localhost 中 **ado.net** 连接字符串类型时，其实是在要求输入用户名和密码。输入 sa 作为用户名，输入 Password! 作为密码。

单击屏幕右上方的箭头运行以下 SQL 语句：

```
CREATE DATABASE MLTracking
GO
USE MLTracking
GO
CREATE TABLE Product(
    productid INTEGER IDENTITY(1,1) NOT NULL PRIMARY KEY,
    productName VARCHAR(255) NOT NULL,
    BeginLife Datetime NOT NULL,
EndLife Datetime NULL,
 );
GO
CREATE TABLE RUL(
    RULid INTEGER IDENTITY(1,1) NOT NULL PRIMARY KEY,
ProductId int,
TotalRULDays int,
DateCalculated datetime not null
)
GO
```

此处，利用 pip 命令从 pypi 安装 pyodbc，并在 VS Code 中创建一个新的 Python 脚本。

8.4.2　操作步骤

本实用案例的操作步骤如下。

（1）导入 pyodbc 库：

```
import pyodbc
```

(2) 连接到数据库：

```
conn = pyodbc.connect('Driver = {SQL Server};'
    'Server = localhost;'
    'Database = MLTracking;'
    'uid = sa;'
    'pwd = Password!;')
```

(3) 创建一个数据库连接光标，以便可以运行查询：

```
cursor = conn.cursor()
```

(4) 在 device 表中插入产品和生产日期并提交：

```
cursor.execute('''
    INSERT INTO MLTracking.dbo.Product (Product,BeginLife)
    VALUES
    ('Smoke Detector 9000',GETDATE()),
    ''')
conn.commit()
```

(5) 一旦估算出该产品的剩余使用寿命，将此信息添加到数据库中：

```
cursor.execute('''
    INSERT INTO MLTracking.dbo.RUL
(ProductId,TotalRULDays,DateCalculated )
    VALUES
    (1,478,GETDATE()),
    ''')
conn.commit()
```

8.4.3　工作机理

本实用案例展示了随着时间的推移如何使用数据库跟踪相关的结果。数据库允许随着时间的推移插入和更新关于模型的信息。

8.4.4　补充说明

本案例关注的是产品，跟踪设备的最终寿命可以给模型提供真实世界的反馈，让我们知道什么时候应该重新训练它们。实例代码还可以存储预测的错误率或失败率，并将其与真实世界的设备进行比较。

8.5　使用 Sklearn 构建机器学习 pipeline

Sklearn pipeline 软件包使我们能够轻松管理特征工程及建模的多个阶段（stage）。机器学习实验不仅仅是要训练模型，它是若干要素的组合体。首先，需要对数据进行清理和转换。然后，必须采用特征工程技术来充实数据。这些常见的任务可以被组织成一系列的步骤（step），称为 **pipeline**。当在实验中试图尝试不同的变化时，就可以使用这些 pipeline 训练一系列非常复杂的步骤，使它们变得简单、易管理且可重复使用。

8.5.1 预备工作

本实用案例将使用之前在 4.1 节案例中进行过特征工程处理的数据。在之前的案例中，我们把数据放入 Databricks，然后对数据进行了清理，以便在其他实验中使用。为了检索这些数据，可以简单地使用 Delta Lake 的 select 语句实现。对于本实用案例，需要在 Spark 设备群上安装 Pandas 和 Sklearn。

8.5.2 操作步骤

本实用案例的操作步骤如下。

（1）导入 Pandas 和 Sklearn：

```
import pandas as pd
from sklearn.pipeline import Pipeline
from sklearn.impute import SimpleImputer
from sklearn.preprocessing import StandardScaler, OneHotEncoder
from sklearn.ensemble import RandomForestClassifier
from sklearn.compose import ColumnTransformer
```

（2）从 Delta Lake 中导入数据：

```
train = spark.sql("select * from engine").toPandas()
train.drop(columns = "label", inplace = True)
test = spark.sql("select * from engine_test2").toPandas()
```

（3）创建转换器（transformer），将数据转换为标准的 numeric 或 categorical 类型的数据：

```
numeric_transformer = Pipeline(steps = [
    ('imputer', SimpleImputer(strategy = 'median')),
    ('scaler', StandardScaler())])
categorical_transformer = Pipeline(steps = [
    ('imputer', SimpleImputer(strategy = 'constant',
                              fill_value = 'missing')),
    ('onehot', OneHotEncoder(handle_unknown = 'ignore'))])
```

（4）提取出必要的特征并创建一个处理器（processor）：

```
numeric_features = \
train.select_dtypes(include = ['int64', 'float64']).columns
categorical_features = \
```

```
train.select_dtypes(include = ['object']).drop(['cycle'],
                                               axis = 1).columns
preprocessor = ColumnTransformer(
    transformers = [
        ('num', numeric_transformer, numeric_features),
        ('cat', categorical_transformer, categorical_features)])
```

(5)创建一个随机森林 pipeline 的步骤：

```
rf = Pipeline(steps = [('preprocessor', preprocessor),
                       ('classifier', RandomForestClassifier())])
```

(6)拟合分类器：

```
rf.fit(X_train, y_train)
```

(7)进行分类：

```
y_pred = rf.predict(X_test)
```

8.5.3 工作机理

在数据科学中，构建机器学习 pipeline 非常普遍。它不仅有助于简化复杂的操作，还能增加软件代码的可重复使用性。本实用案例基于一个简单的 pipeline，使用 Sklearn 实现了许多复杂的操作。在该 pipeline 中，创建了一组转换器。对于 numeric 类型的数字，使用的是定标器(scaler)；对于 categorical 类型的数字，使用的则是一位有效编码(one-hot encoding)。接着创建了一个处理器 pipeline。在本案例中，使用了一个随机森林分类器。注意，这个 pipeline 的步骤是一个数组，所以可以将更多的分类器传入数组。为了简洁起见，将在后续的 8.5.4 节进行详细说明。最终训练并得到了模型的预测结果。

8.5.4 补充说明

正如在本案例一开始就提到的，pipeline 的目的是方便轻松地调整 pipeline 的步骤。本节中将对这些步骤进行调整，以帮助实现更高的准确率。扩展 8.4.2 节的代码并添加一个机器学习算法的分类器数组，然后对模型进行评分，以便确定哪一个是最好的，代码如下：

```
from sklearn.metrics import accuracy_score, log_loss
from sklearn.neighbors import KNeighborsClassifier
from sklearn.tree import DecisionTreeClassifier
from sklearn.ensemble import RandomForestClassifier, AdaBoostClassifier,
GradientBoostingClassifier
from sklearn.discriminant_analysis import LinearDiscriminantAnalysis
from sklearn.discriminant_analysis import QuadraticDiscriminantAnalysis
classifiers = [
```

```
        KNeighborsClassifier(3),
        DecisionTreeClassifier(),
        RandomForestClassifier(),
        AdaBoostClassifier(),
        GradientBoostingClassifier()
    ]
for classifier in classifiers:
    pipe = Pipeline(steps = [('preprocessor',
    preprocessor),('classifier', classifier)])
    pipe.fit(X_train, y_train)
    print(classifier)
    print("model score: %.3f" % pipe.score(X_test, y_test))
```

8.6 使用 Spark 和 Kafka 进行流式机器学习

Kafka 是一个实时流处理平台。与 Kafka 相结合，Databricks 能够实时摄取（ingest）数据流并对其进行机器学习，这使得我们能够近乎实时地进行强大的机器学习。本实用案例中，将会用到 Confluent。Confluent 在 Azure、GCP 和 AWS 都提供云服务，同时本案例也将使用 Databricks，这些从 Azure、GCP 和 AWS 上都可方便地获取。

8.6.1 预备工作

从云应用市场（cloud marketplace）启动 Confluent 和 Databricks，就可以得到一个可弹性扩展的 Kafka 和 Spark 系统。这些系统启动之后，访问 Confluent 网站 https://confluent.cloud，并输入在云端上设置的用户名和密码。然后，单击 **Create cluster** 按钮创建设备群。按照向导的提示，创建第一个设备群。创建好设备群，单击菜单中的 **API access** 按钮。找到 **Create key** 按钮，就可以创建一个 API 访问密钥，如图 8-12 所示。

创建密钥之后，保管好用户名和密码，以后都要用到。

接下来，进入 **Topic** 部分，通过 **Create topic** 按钮创建两个 Topic：一个名为 Turbofan；另一个名为 Turbofan_RUL。然后创建一个 Python 文件，以便能够测试新的 Topic。采用下面的代码创建一个 Python 文件，为 TurboFan topic 生成一条消息：

图 8-12　API access

```
from confluent_kafka import Producer
from datetime import datetime as dt
import json
import time


producer = Producer({
    'bootstrap.servers': "pkc-lgwgm.eastus2.azure.confluent.
```

```
cloud:9092",
    'security.protocol': 'SASL_SSL',
    'sasl.mechanism': 'PLAIN',
    "sasl.username": "",
    "sasl.password": "",
    'auto.offset.reset': 'earliest'
})

data = json.dumps({'Record_ID':1,'Temperature':'100','Vibration':120,
                   'age':1000, 'time':time.time()})
producer.send('TurboFan', data)
```

现在,可以从 Confluent Cloud UI 用户界面进入 Topic,选择 Topic(**TurboFan**),然后选择 **Messages**,观察该 Topic 的消息,如图 8-13 所示。

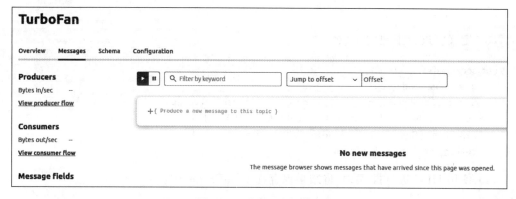

图 8-13　观察 Topic 消息

运行以上的代码,就会看到有一条消息发送给了 Kafka。

8.6.2　操作步骤

本实用案例的操作步骤如下。

(1) 将 Kafka 流式送入 Databricks。在 Databricks 的 notebook 中,输入以下代码:

```
from pyspark.sql.types import StringType
import json
import pandas as pd
from sklearn.linear_model import LogisticRegression


df.readStream.format("kafka")
.option("kafka.bootstrap.servers","...azure.confluent.cloud:9092")
.option("subscribe", "TurboFan")
.option("startingOffsets", "latest")
.option("kafka.security.protocol","SASL_SSL")
```

```
.option("kafka.sasl.mechanism", "PLAIN")
.option("kafka.sasl.jaas.config",
"kafkashaded.org.apache.kafka.common.security.plain.PlainLoginModule
required username = \"Kafka UserName\" password = \"Kafka
Password\";")
.load()
.select( $ "value")
.withColumn("Value", $ "value".cast(StringType))
```

(2) 指定 JSON 文件中的字段,将其序列化为对象:

```
val jsDF1 = kafka1.select( get_json_object( $ "Value",
" $ .Temperature").alias("Temp"),
get_json_object( $ "Value", " $ .Vibration").alias("Vibration")
,get_json_object( $ "Value", " $ .age").alias("Age")
)
```

(3) 定义将进行推理的函数:

```
def score(row):
    d = json.loads(row)
    p = pd.DataFrame.from_dict(d, orient = "index").transpose()
    pred = model.predict_proba(p.iloc[:,0:10])[0][0]
    result = {'Record_ID': d['Record_ID'], 'pred': pred }
    return str(json.dumps(result))
```

(4) 使用 UDF 进行推理,并将结果保存在 DataFrame 中:

```
df = df.selectExpr("CAST(value AS STRING)")
score_udf = udf(score, StringType())
df = df.select( score_udf("value").alias("value"))
```

(5) 将发生故障的设备写入其他的 DataFrame 中:

```
failure_df = df.filter(df.value > 0.9)
```

(6) 将该 DataFrame 作为一个新的 Topic 流式送回 Kafka,并将结果写到 Kafka:

```
query = df.writeStream.format("kafka")
.option("kafka.bootstrap.servers", "{external_ip}:9092")
.option("topic", "Turbofan_Failure")
.option("kafka.security.protocol","SASL_SSL")
.option("kafka.sasl.mechanism", "PLAIN")
.option("kafka.sasl.jaas.config",
"kafkashaded.org.apache.kafka.common.security.plain.PlainLoginModule

required username = \"Kafka UserName\" password = \"Kafka
Password\";")
.option("checkpointLocation", "/temp").start()
```

8.6.3 工作机理

Kafka 是一个流数据引擎,旨在处理大规模的数据。数据由 Kafka 摄入,并发送到 Spark,然后再将概率值送回到 Kafka。在本案例使用了 Confluent Cloud 和 Databricks。这些管理服务在所有主要的云应用市场上都可以找到。

本实用案例从引擎接收实时数据。在 Spark 中对这些数据进行流式处理,并对其进行了推理。接收到结果后,就把其流式送回到独立的 Kafka topic。通过使用 Kafka topic 及 Kafka 自身,可以将数据推送到数据库、数据湖(data lakes)以及微服务(microservices)中,所有这些都来自于同一个数据 pipeline。

8.6.4 补充说明

除了将所有的数据放到一个 Topic 中,以便将其转储到数据仓库中。还可以将数据流式输入到一个警报系统中。要实现这一点,可以先生成一个 Kafka Consumer,如以下代码所示。此处,把代码流式下载到本地系统,然后通过 msg_process() 函数写入一个如 **Twilio** 的警报系统中:

```
from confluent_kafka import Consumer

conf = {'bootstrap.servers': "host1:9092,host2:9092",
        'group.id': "foo",
        'kafka.security.protocol':'SASL_SSL',
        'kafka.sasl.mechanism':'PLAIN',
        'kafka.sasl.jaas.config':
 'kafkashaded.org.apache.kafka.common.security.plain.PlainLoginModule
required username = \"Kafka UserName\" password = \"Kafka Password\";')
        'auto.offset.reset': 'smallest'}

running = True
consumer = Consumer(conf)
consumer.subscribe('Turbofan_Failure')
while running:
    msg = consumer.poll(timeout = 1.0)
    if msg is None:continue
    msg_process(msg)

def msg_process(msg):
    pass
```

8.7 使用 Kafka 的 KStreams 和 KTables 丰富数据

IoT 中经常会遇到必须使用外部数据源的情况。这些数据可能是影响设备性能的天气数据,或是来自附近其他设备的数据。一种简单的解决办法是使用 Kafka KSQL Server。

就像在之前的案例中那样,本案例也使用了 Confluent Cloud 的 KSQL Server。

本实用案例将从一个天气服务 Topic 中获取数据,并将其放入一个 KTable 中。KTable 类似于数据库表。所有进入 Kafka 的数据都是键-值对(key-value pairs)。对于 KTable 来说,如果送入数据的键是新的,就把它插入 KTable 中;如果是 KTable 中已有的,就对数据进行更新。本案例实现了把 Topic 转换为 KStream,这样就可以对数据表和数据流进行标准的类似 SQL 的查询了。例如,可以通过查询当前的天气,并将其与之前案例中的引擎数据连接起来,数据就更丰富了。

8.7.1 预备工作

在 **Confluent Cloud ksqlDB** 门户网站中,进入 **ksqlDB** 标签并添加一个应用程序,如图 8-14 所示。

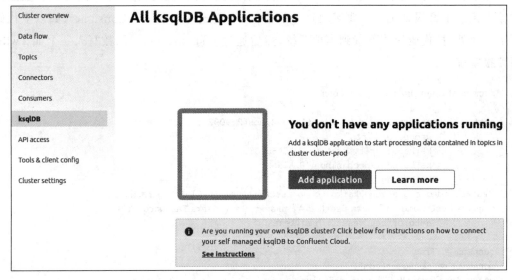

图 8-14 进入 ksqlDB 标签并添加一个应用程序

完成所有的设置步骤后,就实现了一个 KSQL 查询编辑器,还可以对查询进行编辑。

本实用案例是 8.6 节案例的延续。需要在 Kafka 中运行设置的 TurboFan 流数据。还需要运行 Kafka Weather Stream Python 脚本 weatherstreamer.py,该脚本可以在本书 GitHub 资源库的 ch10 文件夹下找到。

最后进入 ksqlDB,找到查询编辑器,使用该编辑器创建数据流和数据表。

8.7.2 操作步骤

本实用案例的操作步骤如下。

(1) 在天气 Topic 下创建一个 KTable：

```
CREATE TABLE users (
    TurboFanNum BIGINT PRIMARY KEY,
    temperature BIGINT, humidity BIGINT
  ) WITH (
    KAFKA_TOPIC = 'weather',
    VALUE_FORMAT = 'JSON'
  );
```

(2) 将 TurboFan Topic 转换为数据流：

```
CREATE STREAM TurboFan (
    TurboFanNum BIGINT,
    HoursLogged BIGINT,
    VIBRATIONSCORE BIGING
  ) WITH (
    KAFKA_TOPIC = 'TurboFan',
    VALUE_FORMAT = 'JSON'
  );
```

(3) 加入表格并流入新的 Topic：

```
CREATE STREAM TurboFan_Enriched AS
  SELECT
    TurnboFan.TurboFanNum,
    HoursLogged,
    VIBRATIONSCORE, temperature, humidity

FROM TurboFan
    LEFT JOIN Weather ON Weather.TurboFanNum = TurboFan.TurboFanNum
EMIT CHANGES;
```

8.7.3　工作机理

KSQL Server 是建立在 Kafka Stream API 之上的一种技术。这一工具的目标是可以实时地将数据进行丰富和转换。本实用案例获取了多个数据流，并将其中之一转换为包含最新键的表，利用这些键对表中的值进行更新。接着，获取一个 Topic，并在其上创建了一个数据流视图。最后，将数据表与数据流连接起来，将其输出创建为一个新的数据流。

8.7.4　补充说明

有了 KSQL Server，就可以使用更多的 SQL 语句，例如 group by、count 以及 sum 等。由于 Kafka 对数据无限制，还可以采用窗口按时间段对数据进行抓取。例如，想要知道平均温度是否超过了 100℃，时间段大约在 20s 之内。在 KSQL 中，可以将其作为另一个数据流进行远程处理：

```
CREATE STREAM TurboFan_ToHot AS
  SELECT
    TurnboFan.TurboFanNum,
    avg(temperature)
  FROM TurboFan_Enriched
  WINDOW TUMBLING (SIZE 20 SECONDS)
  GROUP BY TurboFanNum
  HAVING avg(temperature) > 100
  EMIT CHANGES;
```

第 9 章 部署到边缘

在单台计算机上进行 **Machine Learning and Operations**（**MLOp**）已经具有一定的挑战性了。若是对数千台计算机进行训练、部署和维护模型，其复杂程度就足以让人望而却步了。幸运的是，通过容器化（containerization）以及 **Continuous Integration/Continuous Development**（**CI/CD**）pipeline 等工具可以大大降低其复杂性。本章将讨论对硬件以安全的、可更新的以及最优的方式进行模型部署。

关于构建可更新的模型，将讨论使用 Azure IoT Hub 边缘设备实现 **OTA** 更新。还将使用孪生设备维护设备群，并将配置设置推送至模型。此外，还将学习如何在一种计算机架构（如 x86）上训练模型，然后在 ARM 上运行。最后，讨论如何使用雾计算（fog computing）在不同类型的设备端进行分布式机器学习。

本章将涵盖以下实用案例：

- OTA 更新 MCU；
- 采用 IoT Edge 部署模块；
- 采用 TensorFlow.js 卸载到 Web 端；
- 部署移动模型；
- 采用孪生设备维护设备群；
- 采用雾计算实现分布式机器学习。

9.1 OTA 更新 MCU

OTA 更新对于部署安全更新、新设计功能，以及模型更新都是至关重要的。OTA 更新可以采用两种不同的技术。第一种是构建定制软件，最好是在与拟更新的主程序不同的软件自身或线程上运行。该软件将新固件（firmware）下载到 Flash 中，并注册和启动新固件。如果新固件不能启动，定制软件会启动软件的工作版本。这通常可以节省用于 OTA 更新所占用存储空间的一半。

第二种方式是使用如 Azure IoT Edge 等系统更新设备端的 Docker 容器。这就要求设备端运行如 Raspbian、Ubuntu 或 Windows 等完整的操作系统。大多数 IoT 设备不具有支持 IoT Edge 的计算能力。本节案例将讨论 MCU 上的 OTA 更新，9.2 节案例将讨论 IoT Edge 的 OTA 更新。

9.1.1 预备工作

本实用案例将使用 ESP32 为一个小型 MCU 设备做 OTA 更新，使用 ESP32 在 IDF 框架中进行编程。**ESP-IDF（Espressif IoT Development Framework）** 是一个低级别编程框架，它比 Arduino 框架拥有更少的预置组件，但速度更快，更适合于工业应用。

如果用于开发，可以使用添加了 **PlatformIO** 扩展的 VS Code，可以进入 **PlatformIO** 主界面，单击＋**New Project** 按钮创建一个新项目，如图 9-1 所示。

图 9-1　使用 PlatformIO 扩展

在如图 9-2 所示的对话框中，可以添加项目名称，然后选择将使用的开发板和开发框架。本案例使用的开发板是 **NodeMCU-32S**。

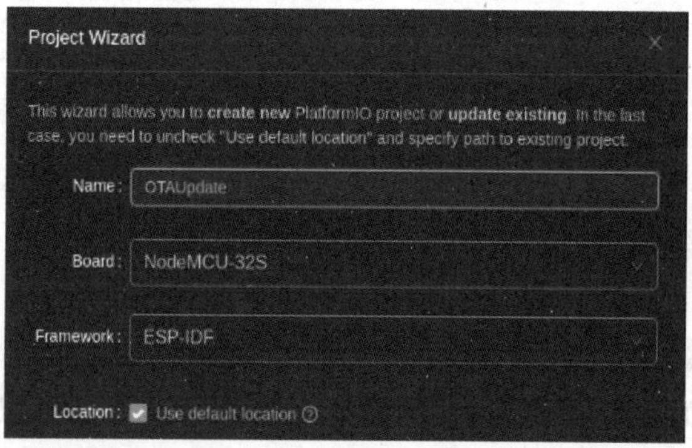

图 9-2　新建项目对话框

然后，在根目录中将 empty.c 重命名为 main.c，并开始编码。

9.1.2 操作步骤

本实用案例的操作步骤如下。

(1) 导入必要的库：

```
#include <string.h>
#include "freertos/FreeRTOS.h"
#include "freertos/task.h"
#include "cJSON.h"
#include "driver/gpio.h"
#include "esp_system.h"
#include "esp_log.h"
#include "esp_http_client.h"
#include "esp_https_ota.h"
#include "wifi_functions.h"
```

(2) 设置固件版本、证书和缓冲区大小：

```
#define FIRMWARE_VERSION 0.1
#define UPDATE_JSON_URL "https://microshak.com/esp32/firmware.json"

extern const char server_cert_pem_start[]
asm("_binary_certs_pem_start");
extern const char server_cert_pem_end[]
asm("_binary_certs_pem_end");

char rcv_buffer[200];
```

(3) 创建一个HTTP事件处理程序：

```
esp_err_t _http_event_handler(esp_http_client_event_t *evt)
{
    switch(evt->event_id){
        case HTTP_EVENT_ERROR:
            break;
        case HTTP_EVENT_ON_CONNECTED:
            break;
        case HTTP_EVENT_HEADER_SENT:
            break;
        case HTTP_EVENT_ON_HEADER:
            break;
        case HTTP_EVENT_ON_DATA:
            if(!esp_http_client_is_chunked_response(evt->client)){
                strncpy(rcv_buffer, (char*)evt->data, evt->data_len);
            }
            break;
```

```
            case HTTP_EVENT_ON_FINISH:
                break;
            case HTTP_EVENT_DISCONNECTED:
                break;
    }
    Return ESP_OK;
}
```

(4) 创建一个无限循环(为了简洁起见,此处省略了机器学习算法):

```
void ml_task(void * pvParameter)
{
    while(1)
    {
        //ML on this thread
    }
}
```

(5) 检查是否有 OTA 更新,并下载清单。若与当前版本不同,会自动下载程序并重启设备:

```
void check_update_task(void * pvParameter)
{
    while(1)
    {
        printf("Looking for a new firmware...\n");
        esp_http_client_config_t config =
        {
            .url = UPDATE_JSON_URL,
            .event_handler = _http_event_handler,
        };
        esp_http_client_handle_t client =
            esp_http_client_init(&config);
        esp_err_t err = esp_http_client_perform(client);
        if(err == ESP_OK) {
            cJSON * json = cJSON_Parse(rcv_buffer);
            if(json == NULL) printf("downloaded file is not a valid
            json,aborting...\n");
            else {
                cJSON * version = cJSON_GetObjectItemCaseSensitive(json,
                "version");
                cJSON * file = cJSON_GetObjectItemCaseSensitive(json,
                    "file");
                if(!cJSON_IsNumber(version)) printf("unable toread new
                version, aborting...\n");
                else {
```

```c
                    double new_version = version->valuedouble;
                    if(new_version > FIRMWARE_VERSION) {
                      printf("current firmware version (%.1f) is
                      lower thanthe available one (%.1f), upgrading...\n",
                      FIRMWARE_VERSION, new_version);
                      if(cJSON_IsString(file)&&(file->valuestring!= NULL))
                      {
                      printf("downloading and installing new
                             firmware(%s)...\n", file->valuestring);
                      esp_http_client_config_tota_client_config =
                      {
                        .url = file->valuestring,
                        .cert_pem = server_cert_pem_start,
                      };
                      esp_err_tret = esp_https_ota(&ota_client_config);
                      if (ret == ESP_OK)
                      {
                        printf("OTA OK, restarting...\n");
                        esp_restart();
                      }
                      else
                      {
                        printf("OTA failed...\n");
                      }
                      }
                      else printf("unable to read the new file name,
                             aborting...\n");
                    }
                    else printf("current firmware version (%.1f) is greater
                             or equal to the available one (%.1f),
                             nothing to do...\n",
                             FIRMWARE_VERSION, new_version);
                    }
                }
            }
            else printf("unable to download the json file, aborting...\n");
            esp_http_client_cleanup(client);
            printf("\n");
                    vTaskDelay(60000 / portTICK_PERIOD_MS);
        }
    }
```

(6) 初始化 Wi-Fi：

```c
static EventGroupHandle_t wifi_event_group;
const int CONNECTED_BIT = BIT0;
```

```c
static esp_err_t event_handler(void * ctx, system_event_t * event)
{
 switch(event -> event_id)
 {
  case SYSTEM_EVENT_STA_START:
      esp_wifi_connect();
      break;
   case SYSTEM_EVENT_STA_GOT_IP:
      xEventGroupSetBits(wifi_event_group, CONNECTED_BIT);
      break;
  case SYSTEM_EVENT_STA_DISCONNECTED:
      esp_wifi_connect();
      break;
  default:
      break;
 }
return ESP_OK; }

 void wifi_initialise(void) {
  ESP_ERROR_CHECK(nvs_flash_init());
   wifi_event_group = xEventGroupCreate();
   tcpip_adapter_init();
   ESP_ERROR_CHECK(esp_event_loop_init(event_handler, NULL));
   wifi_init_config_twifi_init_config = WIFI_INIT_CONFIG_DEFAULT();
   ESP_ERROR_CHECK(esp_wifi_init(&wifi_init_config));
   ESP_ERROR_CHECK(esp_wifi_set_storage(WIFI_STORAGE_RAM));
   ESP_ERROR_CHECK(esp_wifi_set_mode(WIFI_MODE_STA));
   wifi_config_t wifi_config = {
       .sta = {
           .ssid = "mynetwork",
           .password = "mywifipassword",
       },
   };
    ESP_ERROR_CHECK(esp_wifi_set_config(ESP_IF_WIFI_STA,
                                       &wifi_config));
    ESP_ERROR_CHECK(esp_wifi_start());
}

   void wifi_wait_connected()
  {
    xEventGroupWaitBits(wifi_event_group, CONNECTED_BIT, false, true,
                    portMAX_DELAY);
  }
```

（7）在主循环中，启动 Wi-Fi 并创建两个任务（OTA 更新任务和模拟机器学习任务）：

```c
void app_main() {
```

```
    printf("HTTPS OTA, firmware %.1f\n\n", FIRMWARE_VERSION);
    wifi_initialise();
    wifi_wait_connected();
    printf("Connected to wifi network\n");

    xTaskCreate(&ml_task, "ml_task", configMINIMAL_STACK_SIZE, NULL,
                5, NULL);
    xTaskCreate(&check_update_task, "check_update_task", 8192, NULL,
                5, NULL);
}
```

9.1.3 工作机理

本程序实现了三项任务。第一项任务是建立并确保 Wi-Fi 连通。在建立连接之前,不会执行其他任何操作。本程序使用 Free RTOS 作为实时操作系统。RTOS 允许线程独立执行,这样就可以有两个非阻塞的线程。其中第一个线程执行机器学习任务,而第二个线程执行更新任务。更新任务允许以较低的频率轮询 Web 服务器。

9.1.4 补充说明

本实用案例中的 OTA 更新器(updater)需要一个清单,以便能对照检查当前版本并找到要下载的文件。以下是清单的 JSON 文件示例:

```
{
    "version":1.2,
    "file":"https://microshak.com/firmware/otaml1_2.bin"
}
```

OTA 更新对于任何 IoT 设备都是非常重要的。大多数芯片(如 ESP32 或 STM32)设备的制造商已经解决了 OTA 更新问题。这些制造商通常会提供示例代码,帮助你快速启动一个项目。

9.2 采用 IoT Edge 部署模块

将模型部署到边缘是有一定风险的。9.1 节的案例对一台小型 IoT 设备进行了简单的更新。如果更新过程使整个设备群瘫痪了,这些设备可能就永远报废了。如果有一台功能更强大的设备,那么就可以彼此独立地运行程序。即使更新失败,程序还可以恢复到可以运行的版本。这就是为什么要引入 IoT Edge 的原因。

IoT Edge 通过使用 Docker 技术,专门处理在一台 IoT 设备端运行多个程序的问题。例如,像有些采矿设备可能需要同时执行地理围栏(geofencing)操作、用于设备故障预测的机器学习,以及用于自动驾驶的强化学习等。任何一个程序的更新都不能影响其他模块的正常运行。

本实用案例将使用 Azure IoT Hub 和 IoT Edge,包括使用 Docker 和 IoT Hub 将模型推送到设备端。

9.2.1 预备工作

本实用案例要用到 Azure IoT Hub 和云端的 Azure Container Registry,还需要安装了 Azure IoT 扩展的 **VS Code** 和 Raspberry Pi。本实用案例包含三部分。

(1) 提前设置好 Raspberry Pi,包括安装轻量级的 Docker 版本 Moby。

(2) 编写代码,本例中通过一台基于 x86 的笔记本计算机编写代码,然后将模型部署到基于 ARM 的 Raspberry Pi 上。

(3) 把代码部署到一台或多台设备上。

9.2.2 Raspberry Pi 设置

本实用案例将用笔记本计算机对 Raspberry Pi 进行远程编码。因此,需要允许使用 SSH,然后通过 VS Code 连接到 Raspberry Pi。在 Raspberry Pi 上,需要进入 **Menu | Preferebces | Raspberry Pi configuretion**,选择 **Interfaces**,启用 **SSH**,如图 9-3 所示。

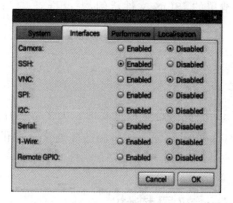

图 9-3 启用 SSH

在终端窗口中,输入以下命令:

```
hostname -I
```

就可以得到 Raspberry Pi 的 IP 地址。基于 IP 地址在计算机上的 VS Code 中安装 SSH 插件,单击 VS Code 中的 **Connect to SSH** 按钮,按照向导的提示,使用设备的 IP 地址和密码连接到 Raspberry Pi。完成上述工作后,就可以在设备端创建一个新项目了。

此外,在设备端还需要安装 IoT Edge 的代理。按照 https://docs.microsoft.com/en-us/azure/IoT-edge/how-toinstall-IoT-edge-linux 的说明进行。

9.2.3 编码设置

完成上述设置后就可以创建一个新的 IoT Edge 项目了。首先，打开 Visual Studio 并安装 Azure IoT Edge 扩展以及 Docker 扩展。然后，使用组合键 Ctrl＋Shift＋P 打开命令窗口，在搜索栏中输入 Azure IoT Edge：，并选择 **Azure IoT Edge：New IoT Edge Solution**，如图 9-4 所示。

图 9-4　创建新的 IoT Edge 项目

此时出现向导，按照提示为项目命名并添加一个模块。一个项目可以有许多模块，但任务不同。这些模块可以使用不同的语言编写，也可以使用 Azure Machine Learning Services 在平台上纳入预先构建的模型。本例采用的是一个自定义的 Python 模块，同时要求提供该模块的 Azure Container Registry 的位置，参照图 9-5 按要求提供位置。

图 9-5　提供模块的 Azure Container Registry 的位置

此处，可以针对 Raspberry Pi 进行开发。在 Raspberry Pi 上开发机器学习需要注意的一点是，类似环境构建等任务可能需要花费更多的时间。一个机器学习的 Docker 构建，在 32GB 内存 16 核台式计算机上需要几分钟的时间，如果它要在 2GB 内存且只有一个内核的计算机上编译时，需要的可能就是 10 倍的时间了。

至此，VS Code 的代码生成器已经创建了一个 main.py 文件，该文件包含一个启动模板，用于接收来自 IoT Hub 的消息并将其回传。在 9.2.4 节将对该文件稍做改动，以保存机器学习代码的存根（stub）。9.2.6 节还将讨论在 ARM32 环境下构建模块的相关问题。

9.2.4 操作步骤

本实用案例的操作步骤如下。

（1）在 main.py 文件中导入必要的库：

```
import time
```

```python
import os import sys
import asyncio
from six.moves import input
import threading
from azure.IoT.device.aio
import IoTHubModuleClient
from azure.IoT.device import
Message import uuid
```

（2）为 ML 代码创建一个存根：

```python
def MLCode():
    # You bispoke ML code here
    return True
```

（3）创建一个消息发送函数：

```python
async def send_d2c_message(module_client):
    while True:
        msg = Message("test machine learning")
        msg.message_id = uuid.uuid4()
        msg.custom_properties["MachineLearningBasedAlert"] = \MLCode()
        await module_client.send_message_to_output(msg,"output1")
```

（4）创建一个消息接收函数：

```python
def stdin_listener():
    while True:
        try:
            selection = input("Press Q to quit\n")
            if selection == "Q" or selection == "q":
                print("Quitting...")
                break
        except:
            time.sleep(10)
```

（5）启动消息发送线程和消息接收线程：

```python
async def main():
    try:
        module_client = \
        IoTHubModuleClient.create_from_edge_environment()
        await module_client.connect()
        listeners = asyncio.gather(send_d2c_message(module_client))

        loop = asyncio.get_event_loop()
        user_finished = loop.run_in_executor(None, stdin_listener)
```

```
    # Wait for user to indicate they are done listening for
    # messages
    await user_finished

    # Cancel listening
    listeners.cancel()

    # Finally, disconnect
    await module_client.disconnect()

except Exception as e:
    print ( "Unexpected error % s " % e )
    raise
```

(6)设置标准的 Python 主程序入口点:

```
if __name__ == "__main__":
    loop = asyncio.get_event_loop()
    loop.run_until_complete(main())
    loop.close()
```

9.2.5 工作机理

通过本实用案例,介绍了如何为开发边缘模块准备设备和开发环境,以便在模块中部署代码。IoT Edge 编码范式的工作原理是接收消息、执行动作,然后发送消息。本案例的代码将这些动作分解为可以相互独立运行的不同的任务,这样就能够在一个较慢的时间循环中执行获取和发送消息等动作,同时在一个较快的循环中对数据进行评估。为此,使用了支持 Python 中多线程的库 asyncio。代码准备好后,构建一个 Docker 容器并将其部署到其他安装了边缘模块的设备或整个设备群中。9.2.6 节还将继续讨论如何做到这一点。

9.2.6 补充说明

基于 9.2.4 节,将代码添加到设备端,但还需要基于设备架构在本地构建代码。进入 Visual Studio 项目,右击 module.json 文件,弹出如图 9-6 所示的上下文菜单,即可在本地构建设备镜像(device image),一旦设备镜像正常工作后,就可以将其推送到容器注册表,即可确保在 IoT Hub 内有这些设备。

图 9-6 构建设备镜像

右击 deployment.template.json 文件，弹出如图 9-7 所示的上下文菜单，选择 **Generate IoT Edge Deployment Manifest**。VS Code 将生成一个包含 deployment.arm32.json 文件的 config 文件夹。

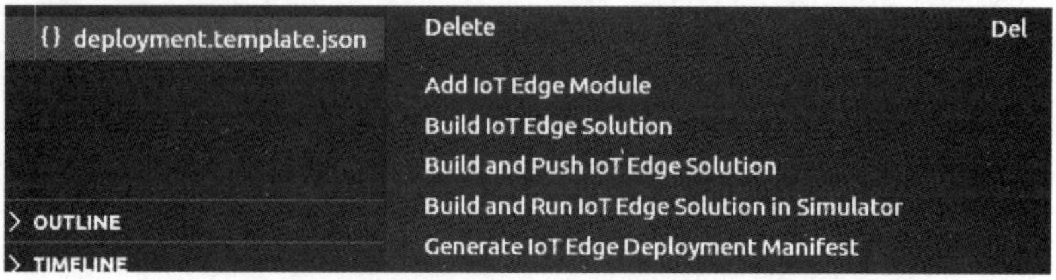

图 9-7　生成 deployment.arm32.json 文件

右击 deployemtn.arm32.json 文件，弹出如图 9-8 所示的上下文菜单，选择 **Creat Deployment for Single Device**，就可以部署单台设备或设备群。

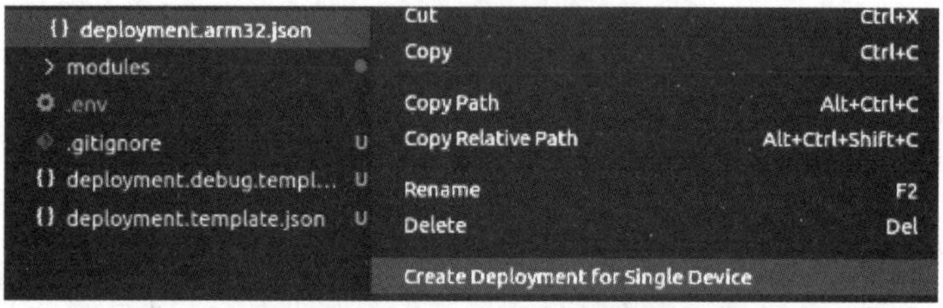

图 9-8　部署单台设备或设备群

部署好更新后，就可以在门户网站上查看更新。如果通过该部署更新了孪生设备，还可以用它查询整个设备群的部署状态。

9.3　采用 TensorFlow.js 卸载到 Web 端

IoT 实施过程中造成失败的主要原因之一是成本。一般来说，设备的销售价格并不高，但是厂商在售后可能还要多次收取费用。降低该部分费用的方法有很多，其中之一便是将一部分机器学习的算力卸载至存取数据的设备或应用程序中。本案例使用 TensorFlow.js 将昂贵的算力转移至访问网页的浏览器上。

9.3.1　预备工作

本实用案例将基于 4.4.3 进行。案例用到了 NASA Turbofan Run to Failure 数据集。本案例还使用 MLflow 实验获取模型，使用 TensorFlow.js 将该模型转换为可以在前端运行的模型。在开始使用 TensorFlow.js 之前，需要先运行以下命令：

```
pip install tensorflowjs
```

随后找到从 MLflow 下载的模型,即保存的 Keras 模型。因此,需要运行以下命令:

```
tensorflowjs_converter -- input_format = keras model.h5 tfjs_model
```

model.h5 是预测性维护数据集中保存的 Keras LSTM 模型,tfjs_model 是存放该模型的文件夹。

打开 VS Code 编写两个文件:第一个文件是 HTML 文件;第二个文件是 JavaScript 文件。使用本章 GitHub 资源库中的 webserver.py 文件在本地运行这两个文件。通过网址 http://localhost:8080/index.html 可以运行 index.html 文件和网络浏览器中的任何其他文件。在本章 GitHub 资源库中还提供了 data.json 文件,可以提供网络服务,以便数据可以返回到 Web 页面。

9.3.2 操作步骤

本实用案例的操作步骤如下。

(1) 在 index.js 文件中,添加一个从 data.json 中获取数据的 GetData 函数:

```
async function GetData(){
$.get( "/data.json", function( data ) {
$( "#data" ).text( data["dat"] );
predict(data["dat"])
});
}
```

(2) 定义一个拉入(pull)模型并评估数据的函数:

```
async function predict(dat)
{
    const model = await tf.loadLayersModel('/tfjs_model/model.json');
    console.log(model)
    dat = tf.tensor3d(dat, [1, 50, 25] )
    dat[0] = null
    console.log(dat)
    var pred = model.predict(dat)
    const values = pred.dataSync();
    let result = "Needs Maintenance"
    if(values[0] < .8)
        result = "Does not need Maintenance"
    $('#needed').html(result)
}
```

(3) 创建一个调用 JS 文件的 index.html 文件：

```html
<!DOCTYPE html>
<html>
<head>
<title>Model</title>
<script src="https://cdn.jsdelivr.net/npm/@tensorflow/tfjs@1.0.0/dist/tf.min.js"></script>
<script src="https://cdn.jsdelivr.net/npm/@tensorflow/tfjs-vis@1.0.2/dist/tfjs-vis.umd.min.js"></script>
</head>
<body>
    <button onclick="GetData()">Maintenance Needed</button>
<textarea id="data" style="width:400px;height:400px;"></textarea>
<div id="needed"></div>
</body>
<script src="https://ajax.googleapis.com/ajax/libs/jquery/3.4.1/jquery.min.js"></script>
<script type="text/javascript" src="index.js"></script>
</html>
```

9.3.3 工作机理

本实用案例采用的是 Python 编写的预训练模型，并使用转换工具将其转换为可以在 Web 上工作。然后，从 Web 服务中提取数据，并根据机器学习模型对其进行评估。最后，当机器学习模型有 80% 的可信度认为涡扇发动机已临近其剩余使用寿命时，就发出需要维护（Needs Maintenance）的提醒。

9.3.4 补充说明

近年来，Web 浏览器的功能有了很大的提高，其中之一就是能够在后台进行数据处理。本书 GitHub 资源库中提供了名为 Dexie 的例子，展示了如何将数据添加至浏览器的数据库。在 Web 浏览器中还可以使用 **Service workers**，在网页未激活时也可以浏览器后台运行工作。

9.4 部署移动模型

许多 IoT 场景要求提供一个图形用户接口，这要求设备要有强大的算力、蓝牙、Wi-Fi 以及蜂窝网络。现在大多数智能手机都能满足这些要求。廉价的 IoT 设备可以通过蓝牙与智能手机里的 App 进行对话，并使用该 App 执行 ML 以及与云端对话。

使用手机可以缩短 IoT 设备的上市时间。这些设备可以使用一个安全且易于更新的 App，将数据发送到云端。手机的便携性是其优势，但也有不足。不间断地与云端进行通信，手机电池会很快耗尽，只能维持大约 8h。正因如此，厂商更期待利用边缘处理执行如机器学习之类的计算任务，以减少设备发送数据的频率。

IoT 中需要用到手机的地方非常非常多。像 Fitbit 和 Tile 等公司就使用低功率的 **Bluetooth Low Energy**（**BLE**）向消费者的手机发送数据。IoT 设备本身可以是低功率的，并将大部分工作卸载到关联的手机上。其他一些设备，如病人心脏监测器、仓库库存工具以及声控 kiosks 等，都是针对特定需求设计的专用智能设备。

本实用案例中将展示如何在 Android 上使用 TensorFlow Lite，使用一个简单的 Android kiosk 关键字激活（keyword-activated）应用程序并将其部署到设备端，以及如何将其"sideload"到设备端。

9.4.1　预备工作

本实用案例将创建一个简单的 Android Studio 应用程序，并添加机器学习代码。为此，需要下载并安装 Android Studio。然后，遵循以下步骤创建一个新的项目。

（1）打开 Android Studio 后，从 **Start** 菜单中选择＋**Start a new Android Studio project**，如图 9-9 所示。

图 9-9　创建新项目

（2）选择一个用户界面模板。本案例中，选择的是 Empty Activity，如图 9-10 所示。

（3）给项目命名并选择编程语言。在本项目中选择 Java 作为编程语言，如图 9-11 所示。

（4）将 TensorFlow Lite 导入新打开的项目，选择 **Gradle Scripts** 选项的 **build. gradle**（**Module：app**），如图 9-12 所示。

（5）在 **dependencies** 下的 build. gradle JSON 文件中，添加对 **TensorFlow Lite**（implementation 'org. tensorflow：tensorflow-lite：＋'）的引用，如图 9-13 所示。

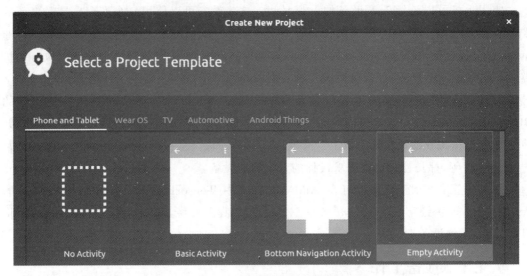

图 9-10 选择用户界面模板

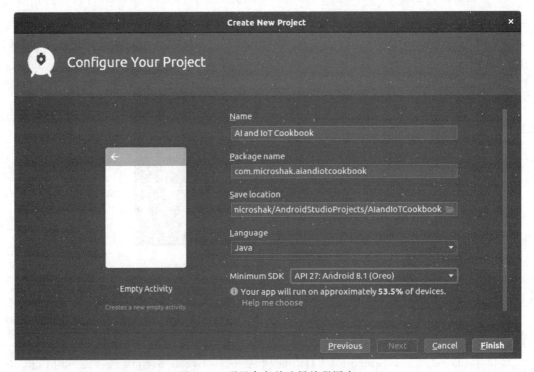

图 9-11 项目命名并选择编程语言

（6）在 Android Studio 中，右击 **app** 文件夹，在弹出对话框中选择 **New→Folder→Assets folder**，如图 9-14 所示。

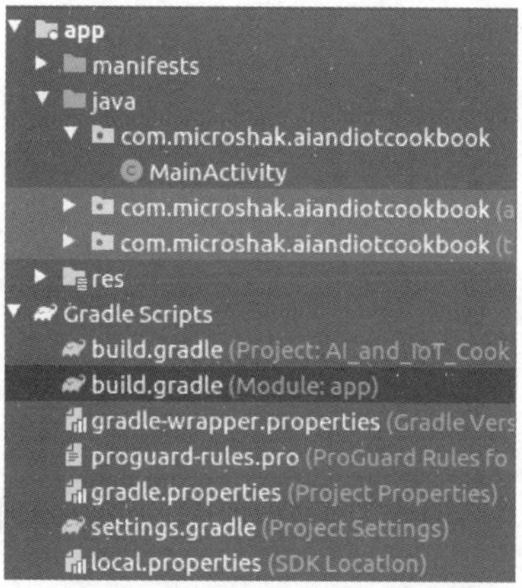

图 9-12 导入 TensorFlow Lite

```
dependencies {
    implementation fileTree(dir: "libs", include: ["*.jar"])
    implementation 'androidx.appcompat:appcompat:1.1.0'
    implementation 'androidx.constraintlayout:constraintlayout:1.1.3'
    testImplementation 'junit:junit:4.12'
    androidTestImplementation 'androidx.test.ext:junit:1.1.1'
    androidTestImplementation 'androidx.test.espresso:espresso-core:3.2.0'
    implementation 'org.tensorflow:tensorflow-lite:+'
}
```

图 9-13 添加引用

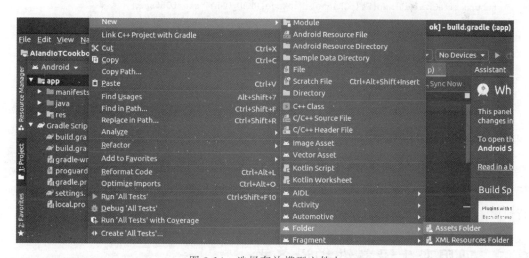

图 9-14 选择存放模型文件夹

至此，确定了存放训练好的模型的文件夹。本案例同样使用 9.3 节使用的 tflite 转换工具完成模型的转换。

9.4.2 操作步骤

本实用案例的操作步骤如下。

(1) 在 MainActivity.java 文件的头部,添加对 TensorFlow 的必要引用:

```
import org.tensorflow.lite.Interpreter
```

(2) 在变量部分,初始化 tflite 解释器:

```
Interpreter tflite;
```

(3) 在 OnCreate 方法中,添加代码,将模型从文件加载到 tflite 解释器:

```
tflite = new Interpreter(loadModelFile(activity));
```

(4) 创建一个方法加载模型文件:

```
private MappedByteBuffer loadModelFile(Activity activity) throws
IOException {
 AssetFileDescriptor fileDescriptor =
   activity.getAssets().openFd(getModelPath());
 FileInputStream inputStream = new
   FileInputStream(fileDescriptor.getFileDescriptor());
 FileChannel fileChannel = inputStream.getChannel();
 long startOffset = fileDescriptor.getStartOffset();
 long declaredLength = fileDescriptor.getDeclaredLength();
 return fileChannel.map(FileChannel.MapMode.READ_ONLY, startOffset,
                declaredLength);
}
```

(5) 在从蓝牙数据源调用的方法中,执行必要的推理:

```
tflite.run(inputdata, labelProbArray);
```

9.4.3 工作机理

类似于 9.3 节的实用案例,本案例采用 TensorFlow Lite 模型执行推理,并返回概率值。TensorFlow Lite 模型适用于如 Android 之类的小型设备,并可在应用程序和服务中进行使用。

9.5 采用孪生设备维护设备群

孪生设备是一组旨在帮助设备群协同工作的工具,可将信息(如设备应该使用什么样的模型)传递给设备,也可以用于将更多的状态信息(如模型的实际差)传回云端。

孪生设备包括设备端和云端。设备端的 JSON 文件类似于可更改的配置文件；而在云端，则是提供可更改的属性数据库。设备端和云端以一种有序的方式同步，方便对设备群进行推理。

孪生设备的好处是可以检查模型的部署是否真的有效。通常情况下，机器学习模型会随着信息的改变、新模型被推送到设备端等情况的发生而更新。这些模型更新可能会触发内存不足等异常，从而更新失败甚至可能导致设备崩溃。通常，在 IoT 产品的生命周期中，如果供货商发生改变或某些组件停止供货，相应的硬件可能就会被替换掉。

在开始之前，需要先了解一些基本概念。后续 9.5.4 节将进行更深入的探讨。孪生设备由三部分组成：

(1) **标记区域**(tags area)，负责通用标记，如设备的名称、位置或所有者等。其数据由云端进行设置。

(2) **所需属性**(desired property)，由云端进行设置。从概念上讲，它是云端希望设备所处的状态，如模型版本或阈值等。

(3) **报告属性**(reported property)，由设备端进行设置，可以是一个数据值或对所需属性的响应。

如果所需属性或模型版本发生了变化，就可以尝试更新至最新版本，并将报告属性设置为所需的版本(如果更新成功)。若更新不成功，可以在云端对此进行查询。还可以在 **update ring** 中，使用标记更新设备。一般使用 update ring 进行滚动更新，即一开始仅更新很少的设备，之后再对更多的设备进行更新。还可以根据设备的某些特征(如位置和所有者等)使用 update ring 部署不同的模型。

9.5.1 预备工作

本实用案例要用到 Azure IoT Hub 和 Python，其中 Python 版本要求在 3.6 以上。首先安装以下的库：

pip3 install azure – IoT – device

pip3 install asyncio

1.3 节的实用案例已经展示了如何在 Azure 中设置 IoT Hub，所以还需要导航到所创建的 IoT Hub，选择左侧面板的 **IoT Devices** 菜单项。然后，单击"+"按钮，添加一个具有对称密钥认证的设备，如图 9-15 所示。

如图 9-16 所示，可以看到设备已经出现在设备列表中，单击该项目就可以获得设备密钥。

由于密钥是针对独立设备的，所以还需要进入共享访问策略(shared access policy)菜单项，复制服务策略连接字符串。使用该连接字符串将设备连接到 IoT Hub，以便管理设备群。

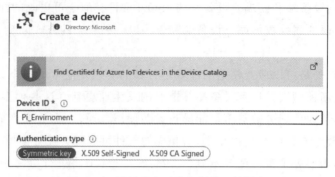

图 9-15　添加具有对称密钥认证的设备

DEVICE ID	STATUS	LAST STATUS UPDATE (UTC)
Pi_Envirnoment	Enabled	--

图 9-16　获得设备密钥

9.5.2　操作步骤

本实用案例的操作步骤如下。

(1) 在设备端，导入必要的库：

```
import asyncio
from six.moves import input
from azure.IoT.device.aio import IoTHubDeviceClient
```

(2) 创建一个 main() 函数并连接到设备端：

```
async def main():
    device_client = \
    IoTHubDeviceClient.create_from_connection_string("Connection String")
    await device_client.connect()
```

(3) 创建一个孪生收听者(twin listener)：

```
def quit_listener():
    while True:
        selection = input("Press Q to quit\n")
        if selection == "Q" or selection == "q":
            print("Quitting...")
            break
```

第9章 部署到边缘

(4) 创建一个收听者任务：

```
asyncio.create_task(twin_patch_listener(device_client))
```

(5) 收听退出信号：

```
loop = asyncio.get_running_loop()
user_finished = loop.run_in_executor(None, quit_listener)
```

(6) 等待用户完成信号并断开连接：

```
await user_finished
await device_client.disconnect()
```

(7) 使用asyncio运行该循环：

```
if __name__ == "__main__":
    asyncio.run(main())
```

(8) 在云端（帮助管理设备群的计算机）使用以下代码设置所需的机器学习模型版本。首先，导入必要的库：

```
import sys from time import sleep
from azure.IoT.hub import IoTHubRegistryManager
from azure.IoT.hub.models import Twin, TwinProperties
```

(9) 用服务连接字符串连接到IoT Hub：

```
IoThub_registry_manager = \
IoTHubRegistryManager("Service Connection String")
```

(10) 设置所需属性为模型版本：

```
twin = IoThub_registry_manager.get_twin("Device_id")
twin_patch = Twin( properties = \
TwinProperties(desired = {'Vision_Model_Version' : 1.2}))
twin = IoThub_registry_manager.update_twin(DEVICE_ID, twin_patch, win.etag)
```

(11) 在另一个Python文件中查询该版本是否被更新。首先，导入必要的库：

```
import sys from time import sleep
from azure.IoT.hub import IoTHubRegistryManager
from azure.IoT.hub.models import Twin, TwinProperties, \
QuerySpecification, QueryResult
```

(12) 查询所有报告属性与所需属性不一致的设备：

```
query_spec = QuerySpecification(query = "SELECT * FROM devices WHERE
properties.reported.Vision_Model_Version <> 1.2")
```

```
query_result = IoThub_registry_manager.query_IoT_hub(query_spec,
None, 100)
print("Devices that did not update: {}".format(', '.join([twin.device_id for twin in query_result.items])))
```

9.5.3 工作机理

本实用案例包括三部分不同的代码片段。第一部分在设备端,该段代码同时会采集通过孪生设备对该设备进行的任何更改;第二部分指导 IoT Hub 对一台特定设备端的报告属性进行更新;第三部分查询设备群并检查所有的设备是否都更新为预期的模型。

9.5.4 补充说明

孪生设备实际上是一个同时驻留在云端和设备端的一个较大的 JSON 文件,可以用来调整设置、控制设备或设置设备元数据等。还有一种建立在孪生设备之上的服务,被称为数字孪生(**digital twin**)。数字孪生拥有在设备端和云端保持同步的一个 JSON 文件。它的另一好处是可以在一个图(graph)中进行设备连接。图是一种根据地理位置将设备相互连接的方式。换句话说,你可以通过设备所处的地点来连接它们,也可以将位置相邻的设备连接在一起。当很多设备相互关联时,这一点就很有用处。例如,智慧城市其实就是由大量地理上关联的设备构成的。在智慧城市中,想知道的或许是某个地理坐标附近所有的交叉路口是否发生了交通堵塞;在某个工厂里,不同的生产线上可能包含了相关联的数据。这些生产线上拥有大量的不同类型的 IoT 设备。数字孪生可以帮助我们采用根源分析法(root cause analysis)对装配线进行问题诊断。

9.6 采用雾计算实现分布式机器学习

IoT 领域的主要工作就是与大数据打交道。涉及的传感器繁多,设备也很庞杂。例如,欧洲核子研究中心(CERN)的粒子加速器,每秒可以产生超过 1PB 的数据,将这些原始数据发送到一个中央存储库是不现实的。诸多公司在面对极其庞大的数据集或变化剧烈的数据集时,如何处理这些数据是一个极大的挑战。

本案例将在若干系统中对工作负荷进行分配,例如某个系统负责获取图像,而另一个系统负责进行处理。在本案例中,使用一台小型设备用于获取图像,并将图像传输到计算机或工厂中的一组服务器。除了使用 Docker 和 Docker-compose,还需要相关算法,本案例使用了 YOLO(一种图像分类算法)的 OpenCV 实现。

9.6.1 预备工作

从代码所占的篇幅来说,本实用案例列出的代码量非常大,不过这些代码都可以在

Docker 中完成，所以可以使用 VS Code 的 Docker 扩展直接在 Docker 容器中进行工作。此外还需要一台安装了网络摄像头的设备，可以是一台笔记本电脑或带有网络摄像头的 Raspberry Pi。

本实用案例会构建机器学习服务、摄像头流服务以及允许设备知晓其他设备位置的服务，并可以在整个设备群中查看自己的类别。

尽管案例相当简单，但列出所有容器的代码可能需要几十页的篇幅。为了简洁起见，本实用案例中仅列出了计算机视觉模块的代码。其余的模块可以通过 Docker 和本书配套的代码资源包中的代码运行。

9.6.2 操作步骤

本实用案例的操作步骤如下。

(1) 在计算设备上下载 YOLO 的机器学习模型文件：

```
wget https://pjreddie.com/media/files/yolov3.weights
wget https://raw.githubusercontent.com/microshak/AI_Benchtest_Device/yolov3.txt
wget https://raw.githubusercontent.com/microshak/AI_Benchtest_Device/yolov3.cfg
```

(2) 创建 CPU 文件夹并在其中创建 __init__.py 文件：

```
from flask import Flask
cpu = Flask(__name__)
from CPU.Yolo import yolo
from CPU.manifest import manifest
cpu.register_blueprint(yolo)
cpu.register_blueprint(manifest)
```

(3) 创建 manifest.py 文件，将计算服务器的能力发送至集中式服务器：

```
from flask_apscheduler import APScheduler
from flask import Blueprint, request, jsonify, session
import requests
import socket import json import os
manifest = Blueprint('manifest','manifest',url_prefix = '/manifest')
scheduler = APScheduler()

def set_manifest():
    f = open("manifest_cpu.json", "r")
    manifest = f.read()
    data = json.loads(manifest)
    data['host_name'] = socket.gethostname()
    gw = os.popen("ip -4 route show default").read().split()
```

```
            s = socket.socket(socket.AF_INET, socket.SOCK_DGRAM)
            s.connect((gw[2], 0))
            ipaddr = s.getsockname()[0]

            data['ip_address'] = ipaddr
            url = 'https://ai-benchtest.azurewebsites.net/device'
            r = requests.post(url = url, json = data)
            txt = r.text

set_manifest()
scheduler.add_job(id = 'Scheduled task', func = set_manifest,
                  trigger = 'interval', minutes = 10)
scheduler.start()
```

（4）创建 yolo.py 文件并导入必要的库：

```
import cv2
import pickle
from io import BytesIO
import time
import requests
from PIL import Image
import numpy as np
from importlib import import_module
import os
from flask import Flask, render_template, Response
from flask
import request import imutils
import json
import requests
from flask import Blueprint, request, jsonify, session
```

（5）将该页面初始化为 Flask 页面：

```
yolo = Blueprint('yolo', 'yolo', url_prefix = '/yolo')
```

（6）初始化绘图变量：

```
classes = None
COLORS = np.random.uniform(0, 300, size = (len(classes), 3))
```

（7）导入模型类名称：

```
with open("yolov3.txt", 'r') as f:
    classes = [line.strip() for line in f.readlines()]
```

（8）创建辅助函数来获取输出层：

```
def get_output_layers(net):
```

```
    layer_names = net.getLayerNames()
    output_layers = [layer_names[i[0] - 1] for i in
                     net.getUnconnectedOutLayers()]
    return output_layers
```

(9) 创建辅助函数,在识别出的物体周边画一个矩形,并插入类别文本:

```
def draw_prediction(img, class_id, confidence, x, y, x_plus_w,
                    y_plus_h):
    label = str(classes[class_id])
    color = COLORS[class_id]
    cv2.rectangle(img, (x,y), (x_plus_w,y_plus_h), color, 2)
    cv2.putText(img, label, (x-10,y-10), cv2.FONT_HERSHEY_SIMPLEX,
                0.5, color, 2)
```

(10) 创建 YOLO 方法,获取图像和神经网络,然后缩小图像的尺寸:

```
def Yolo(image, net):
    try:
        Width = image.shape[1]
        Height = image.shape[0]
        scale = 0.00392
        blob = cv2.dnn.blobFromImage(image, scale, (416,416),
                                     (0,0,0), True, crop=False)
```

(11) 将图像设置为神经网络的输入,并进行 YOLO 分析:

```
net.setInput(blob)
outs = net.forward(get_output_layers(net))
```

(12) 初始化变量并设定置信度阈值:

```
class_ids = []
confidences = []
boxes = []
conf_threshold = 0.5
nms_threshold = 0.4
```

(13) 将机器学习的结果集转换为可以应用于图像的坐标集:

```
for out in outs:
    for detection in out:
        scores = detection[5:]
        class_id = np.argmax(scores)
        confidence = scores[class_id]
        if confidence > 0.5:
            center_x = int(detection[0] * Width)
            center_y = int(detection[1] * Height)
```

```
            w = int(detection[2] * Width)
            h = int(detection[3] * Height)
            x = center_x - w / 2
            y = center_y - h / 2
            class_ids.append(class_id)
            confidences.append(float(confidence))
            boxes.append([x, y, w, h])
```

(14) 对所有不符合阈值标准的边界框进行处理：

```
indices = cv2.dnn.NMSBoxes(boxes, confidences,
                           conf_threshold, nms_threshold)
```

(15) 获取边界框，并在图像内绘制：

```
for i in indices:
    i = i[0]
    box = boxes[i]
    x = box[0]
    y = box[1]
    w = box[2]
    h = box[3]
    draw_prediction(image,class_ids[i],
                    confidences[i],round(x),round(y),
                    round(x + w),round(y + h))
```

(16) 返回图像：

```
return image
```

(17) 创建名为 gen 的函数，该函数将导入模型并不断从摄像头设备中提取图像：

```
def gen(height,width, downsample, camera):
  net = cv2.dnn.readNet("yolov3.weights", "yolov3.cfg")
  while True:
    url = f'http://{camera}:5000/image.jpg?\
height={height}&width={width}'
    r = requests.get(url) # replace with your ip address
    curr_img = Image.open(BytesIO(r.content))
```

(18) 调整图像的大小和颜色：

```
frame = cv2.cvtColor(np.array(curr_img), cv2.COLOR_RGB2BGR)
dwidth = float(width) * (1 - float(downsample))
dheight = float(height) * (1- float(downsample))
frame = imutils.resize(frame,width = int(dwidth), height = int(dheight))
```

(19) 执行机器学习算法和结果：

```
frame = Yolo(frame, net)

frame = cv2.imencode('.jpg', frame)[1].tobytes()
yield (b'-- frame\r\n'
       b'Content-Type:image/jpeg\r\n\r\n' + frame + b'\r\n\r\n')
```

(20) 创建一个 Web 地址，抓取 URL 参数，并将其放入算法中：

```
@yolo.route('/image.jpg')
def image():

    height = request.args.get('height')
    width = request.args.get('width')
    downsample = request.args.get('downsample')
    camera = request.args.get('camera')

    """Returns a single current image for the webcam"""
    return Response(gen(height,width, downsample, camera),
                    mimetype = 'multipart/x-mixed-replace;
                    boundary = frame')
```

(21) 回到根文件夹内，创建 manifest.json 文件，该文件将广播正在使用的机器的能力：

```
{
    "FriendlyName":"Thinkstation",
    "name":"Thinkstation",
    "algorithm":[{"name":"Object Detection"
                ,"category":"objectdetection"
                ,"class":"Computer Vision"
                ,"path":"yolo/image.jpg"}
    ]
    ,"ram":"2gb"
    ,"cpu": "amd"
}
```

(22) 创建 runcpu.py 文件。该文件用于启动 Flask 服务器和注册其他代码文件：

```
from os import environ
from CPU import cpu

  if __name__ == '__main__':
    HOST = environ.get('SERVER_HOST', '0.0.0.0')
    try:
        PORT = int(environ.get('SERVER_PORT', '8000'))
```

```
except ValueError:
    PORT = 5555
cpu.run(HOST, PORT)
```

9.6.3 工作机理

本实用案例中的雾计算（fog computing）展示了如何将若干个不同类型的系统聚集在一起，作为整体一起工作。案例给出了从不同系统中抓取视频流的设备代码，并对其进行计算，然后将其传递给另一个系统。最后给出的系统是一个 Web 应用。

不同的系统之间相互进行通信，需要进行集中的状态管理，所以案例用到了 Flask 和 Redis。对于设备群的机器，每 10min 都要登记其状态和能力，这样机器就可以充分利用网络的其他机器，而不会仅局限于一台机器上。当一台新的机器上线时，它仅需向状态服务器注册其状态，然后只要保持广播状态，就可能被其他设备使用。

9.6.4 补充说明

本实用案例要依赖于其他组件。这些组件都可在本书配套代码资源包的 AI_Benchtest 文件夹中找到。通过进入相应的文件夹并运行 Docker 或 Docker-compose 可以启动这些程序，具体步骤如下。

（1）要在终端上使用摄像头服务器，可以进入 AI_Benchtest_API 文件夹并运行以下命令：

```
docker - compose up
```

（2）运行 AI_Benchtest_Cam 模块。在终端上，输入 CD，进入 AI_Benchtest_Cam 文件夹，运行与获取 API 服务器相同的 Docker-compose 命令，则摄像头和计算服务器都将启动和运行，并将它们的状态传输给 API 服务器。

（3）运行 UI 服务器，向其他服务器发出命令。输入 CD，进入 AI_Benchtest_API 文件夹，运行以下 Docker 命令启动 UI 应用程序：

```
docker build - t sample:dev . docker run - v ${PWD}:/app - v /app/node_modules - p 3001:3000
-- rm sample:dev
```